平凡社新書
612

3・11後の建築と社会デザイン

三浦展
MIURA ATSUSHI
藤村龍至＝編著
FUJIMURA RYŪJI

HEIBONSHA

3・11後の建築と社会デザイン●目次

はじめに……13

第一部　「生活者」のための社会デザイン――社会・地域・政治……15

住宅のあり方を問う……16
†二〇世紀の都市の原理は全否定された
†住宅の供給システムは今後も有効か!?
†開発とともに消えた「固有」の風景

住宅ストックの活用と仮設住宅……24
†空いている住宅をシェアする――仮り住まいの輪
†八〇年前の復興住宅に見られる知恵
†戦中にはじまった「住宅だけでいい」という考え
†ODAに似た仮設住宅の建設
†出なかった「非常事態宣言」
†「事前復興」という考え方

地元の人々の活動を支える……41
†必要なのは地元の自立につながる計画
†現場の細部に目を向ける社会デザイン
†中間的な組織の役割
†重なった四つの被害
†震災を歴史にどう位置づけるか

経済中心の論理を変えなければ……54
†震災後の政治と、被災者とのズレ
†経済成長に無理に結びつけられる復興
†コミュニティと人間関係への配慮が見られない

官でも民でもない組織の力……62
†中間的な組織がカギ
†問われるNPO／NGOの力
†市民のなかから専門性をどう醸成するか
†復興の費用対効果

†ネットで可能になる柔軟な組織

「消費者」ではなくて「生活者」……… 73

†資産世界一でも、被災者に融資すらできない
†スクラップ・アンド・ビルドの経済学
†構造改革・成長主義の正体
†「つながり」を重視する価値観へ

他人と共感できるコミュニティ……… 83

†「助け合って住む」ための住宅
†「共的な主体性」をつくれるか
†「生」に関する三つの局面
†高齢者の「生活の維持」は「生命の確保」
†介護する人たちの生活の維持

復興までをどうやって暮らすか……… 92

†被災者に大切な「見通し」
†コミュニティとプライバシー

†なにかあったとき、どこに住むか
†行政も気づきはじめた「創意工夫」の大切さ
被災者には選択肢があっていい……………101
†求められる地盤情報の開示
†自立できる人には現金支給も
†持ち家政策に対する国家の責任
†「一住宅＝一家族」を超える住み方
高齢化する都市のシミュレーション……………108
†もともと強くはない福祉を支える基盤
†必要になる高齢者同士の支え合い
†被災地での支援活動を忘れないために
コミュニティづくりの戦略は「建築」……………116
†個人の自立と強くなることが求められた時代
†地域の「仕組み」とともに建築をつくる
†自立できない人のほうが多い社会

†豊かな生活を建築にどう反映させるか
†建築家の腕の見せどころ

第二部　建築からはじめる——国土・都市・建築……127

「助け合って住む」ことへの見直し……128
†私たちは、コミュニティがなければ生きられない
†生活者が連携してルールからつくる
†動的な人たちの互助的関係を築ける住宅

時代を加速させた東日本大震災……135
†大事なのは東京の人が震災をどう捉えたか
†新しい仕組みに欠かせないネットワーク
†問題を先取りしている中山間・離島地域
†誰が避難者の新しい人間関係をデザインするのか
†復興の枠組みは「いい加減」でとどめる

†支援する側の取りまとめ

出直すために、問題を見定める……146

†流動的なコミュニティの難しさ
†日本は「寂しい社会」に向かっている
†「土地神話」からの脱却

消防隊員が八〇歳になる!?……153

†社会は、子供を産まないと持続しない
†「モノ」から「コト」の時代へ

「使うこと」から「つくること」へ……156

†優れた建物なのに地域に残せない
†私たちは景観を曖昧にしか覚えていない
†まちづくりから生まれるコミュニティ
†建築家の仕事は、きっかけをつくること
†「よそ者、若者、バカ者」からはじまる
†コミュニケーションの下部構造をデザインする

再分配の仕組みを考える……168
†若者震災復興支援隊
†ニューディール政策の落とし子――アメリカ国立公園のレンジャー
†行政区分を越えて地域を考える
†秩父と江戸湾／福島と東京

求められる新たなアーキテクト像……177
†なんでも謝まって、責任を不明確にする日本人
†公共サービスは無尽蔵でも一律でもない
†空間の記号性を塗り替える
†「アーキテクト」としての建築家

集落から学ぶ技術……185
†土地の持つコンテクストを捉えなおす
†河川の再生からつくる東京のコミュニティ
†鎮守の森・エネルギーコミュニティ構想
†東北を「福祉都市」の先駆的モデルに

†若い人と集落の人が協働できる仕組みづくり
知恵を評価する社会……196
†問われるのは、どのように街を見ているか
†現在の延長で都市を考えてはいけない
†どんな問題も、ある時代には合理性があった
†社会の仕組みは本質的なところで破綻している
†法律のあり方にも疑問を投げかける
できるところから全体を変えていく……211
†周囲との関係で決まるアイデンティティ
†隠れたコンテクストの見直し／システム自体の書き換え
†できるところから戦略的に変える
シンポジウムを終えて
共感と共有の時代――文明の曲がり角に立って　**三浦展**……219
近代は平野を欲する

日本人の長い歴史の全体が流されてしまう恐怖
持続可能性が高かった昔の地方の暮らし
すでに「風景」は失われていた
ツイッターと市民
液状化する近代
大きな物語から自分らしさへ、そして――
「シェア社会」へ

「建築」から「3・11後の社会デザイン」を考える

藤村龍至……245
経済政策と消費のあり方のズレ
もうひとつのニューディール政策
コミュニケーションの下部構造を設計するアーキテクト
モノを動かす前のストーリーがお金を動かす社会へ
「プロダクトの国」から「プロセスの国」へ
最後に――世代を超えた議論を

編集協力＝境洋人・竹上寛／図版作成＝丸山図芸社

はじめに

二〇一一年三月一一日の東日本大震災後、多くの方が、震災に対して、あるいは被災した人たちに対してなにができるのか、自分自身に問いかけたと思います。私も例外ではなく、なにができるのかを考えてきたのですが、私のような、とりたてて専門性のない人間には、なにをなすべきか、がわからないまま時間がすぎていきました。

しばらくして、結局自分にできることは、これまでおつきあいいただいてきた専門家の方たちに集まっていただき、このようなシンポジウムを開催し、それを本にして世に問うていくことであろうと、思いいたりました。それ以後、藤村龍至さんや山本理顕さん、それぞれの事務所や研究室のスタッフの方の協力を得て、七月一六日にシンポジウムを開催しました。震災から四ヵ月以上もたって、少し遅きに失したと反省する半面、冷静に、かつ幅広い視点で議論し提案することができたかと思います。

震災後の東北、そして日本をどうするのかは、非常に難しいたくさんの種類の問題を孕んでいます。とうてい私ひとりでは考えきれないし、そもそも誰かひとりが解決策を提示できるものではありません。今回のシンポジウムでは、「3・11後の社会デザイン」を考えるうえでほぼベストメンバーにお集まりいただけたと思います。世代的にも六〇代から三〇代まで、親子の幅があります。建築、都市計画に限らず、社会学、社会経済学などさまざまな分野の、さまざまな世代の方々による骨太で多角的な議論が、読者の思索と行動に資することができれば幸いです。

三浦 展

第一部

「生活者」のための社会デザイン——社会・地域・政治

山本理顕　建築家、日本大学大学院特任教授
島原万丈　リクルート住宅総研主任研究員
大月敏雄　建築家、東京大学准教授
中村陽一　社会デザイン学、立教大学大学院教授
藤村正之　福祉社会学、上智大学教授
松原隆一郎　社会経済学、東京大学教授

藤村龍至 さて、今日は議論に先立ちまして共通する質問をパネリストのみなさんに用意しています。ひとつ目は「今回の東日本大震災で感じられたこと」、そしてもうひとつは「東北の復興のために考えること」について、それぞれの専門の見地からお話しいただきたいと思います。最初に建築家の山本理顕さんにこれらの質問にお答えいただきつつ、みなさんへの問いかけをしていただきたいと思います。

住宅のあり方を問う

†二〇世紀の都市の原理は全否定された
†住宅の供給システムは今後も有効か!?
†開発とともに消えた「固有」の風景

山本理顕 私は、三浦さんからいただいた共通質問に対して次のような四つの回答をしました。

・経済成長が国家運営の中心原理になったのはいつからなのか。それはいまだに最優先されるべき国家原理なのか。
・「一住宅＝一家族」は経済成長のためには最も有効な住宅供給の方法だった。それはこれからも有効な供給方法なのか。
・「助け合って住む」という住み方は偽善的か。いつからそれが偽善的だと私たちは考えるようになったのか。
・景観を大切にするということはどういう意味があるのか。

五月六日に石巻に行きました。石巻はご承知のように広範な地域が津波によって流されてしまった場所です。石巻だけでなく周辺のいくつかの集落を見ましたが、どこも壊滅的でした。そのときに切実に思ったことがあります。二〇世紀に私たちが考えてきた都市の原理や都市に対する思想そのものが、津波によって壊滅的に流され、そして全面的に否定されたのだと。

工場や病院や小学校などの大きな建物も破壊されています。しかし流された多くが住宅でした。その様子をみなさんもテレビで目の当たりにしたと思います。戸建て住宅が大量に流されていく風景は、ひょっとしたら日本に固有の被災の仕方ではないかと思いました。

山本理顕　1945年中国北京生まれ。建築家、日本大学大学院特任教授。住宅、家族、地域社会といった社会学的な観点から建築の意味を考え続け、近年は「地域社会圏モデル」を構想、実践に移すべく活動を展開している。主な著書・共著書に『地域社会圏モデル』（INAX出版）、『「51C」家族を容れるハコの戦後と現在』『新編 住居論』（平凡社）などがある。

どういう意味なのか。

一九五〇年に住宅金融公庫法ができました。一九五一年に公営住宅法、一九五五年に日本住宅公団法が成立します。基本的には住宅金融公庫によって戸建て住宅を奨励していく方向が定められた。そして一九六六年の「第一次住宅建設五箇年計画」以降、住宅は自己責任でつくることをますます徹底されるようになったわけです。都市の根幹に関わる発電所や送電網、道路網、上下水道、公園などのインフラストラクチャーは国の責任でつくり、その逆にインフラに接続される住宅は個人の責任においてつくる。それを前提として国家が運営されてきました。

それは非常に巧妙な方法でした。国家が住宅に対して一切の責任を負わないというシステムをつくったわけですから、この場合の住宅とは、一住宅に一家族が住む住宅です。私はそれをインフラとの関係を含めて「一住宅＝一家族」システムと呼んでいますが、それはたんに住宅の供給システムにとどまらず、日本の国の運営システムそのものなのだと思います。だからこそ、個人の責任で住宅をつくった人たちが今回の震災では最大の被害者になってしまったわけです。いわば必然です。「一住宅＝一家族」を誘導してきた国家の責任は、本当は極めて重いはずなのです。彼らは誰にも助けてもらえません。阪神・淡路大震災でも同じことが起きましたけれど、ローンの残っている人たちは、もはや自己責任などで住宅は建てられないと思います。もちろん、国は復興の計画を立てていくと思います。公営住宅もつくられていくでしょう。ですが、基本的な復興の手立ては、「一住宅＝一家族」をもう一度つくっていくことになるのだと思います。たとえ高台に土地が用意されても、震災以前と同じように再び民間ディベロッパーによるマンションや、ハウスメーカーによって戸建て住宅がつくられていくということが起こると思います。

でも、それでいいのだろうか。津波によって流されたのが多くの戸建て住宅だということが象徴しているように、こうした住宅の供給システムそのものが全面的に否定されたのだと思うのです。それにもかかわらず「一住宅＝一家族」を前提とする供給システムは今後も有効なのだろうか。

高度成長期にはたしかに有効だったのかもしれません。少なくとも日本の経済成長には非常に貢献したと思います。自己責任で住宅を購入させて、そのメンテナンス費や危険負担に対する準備もすべて自己責任という方法は、あまりにも生活者に対して負担が大きすぎます。こうした震災や津波のような災害は、それに対処するのは自己責任では不可能だということをはっきりさせます。国家の側の負担軽減には役立ちますが、だからこそそれが経済成長に貢献してきたのだと思います。経済を活性化させるということが目的化されて、その目的のために住宅政策を考えるという方法は完全に順番が逆です。住宅を経済成長のための道具にするというような、こんな方法がこれからも有効だとは思えません。もう一度考え直すことが必要だと思います。すなわち、経済成長はこれからも目的化されるべきなのか。このまま経済成長を目的化してあらゆる国家の政策がそれに従属することが正しい方法なのか。経済が成長すればするほど私たちは幸せになるのだろうか。二〇世紀は、たしかに経済成長が国家原理だったと思いますが、これからはどのような理念で国家を運営するのか、と思います。

「一住宅＝一家族」という形式をまったく疑うことなく受け入れてしまって、それが身体化されてしまっているのはなぜか。それが二番目の問題です。理由のひとつはプライバシーに対する意識だと思います。

私たちは自分たちの家族のプライバシーを守ることが「一住宅＝一家族」の中心原理で

あると考えています。では、プライバシーを中心として捉えるようになったのはいつからなのか。これは住宅供給の仕方と深く関係しています。前述のように、一九五〇年に住宅金融公庫法、一九五一年に公営住宅法、一九五五年に住宅公団法ができて、住宅が大量に供給されるようになった。その際に重要だったのがプライバシーでした。

玄関の鉄の扉を閉めてしまうと中は隔離された密室になる。公営住宅や住宅公団ではそういう住宅を供給してきました。それはいまでも続いていて、民間ディベロッパーが最も重要と考える核心部分です。上階の音は聞こえません、階隣に住んでいる人たちとも関係なく住むことができます。オートロックの玄関からエレベーターに乗って誰にも会わずに自分の部屋に行けます、というように。つまりプライバシーのみにあまりにも偏重した隔離施設のような住宅を供給してきたんです。そのプライバシーに対する偏重が「一住宅＝一家族」システムを支えてきた理由であると同時に、その住宅システムによってプライバシーという考え方を身体化させられてきたのだと私は思います。

隣の人と関係なく住める住宅を、私たち建築家もずっと供給してきました。そこでなにが阻害されているのかというと、お互いが助け合うような関係性です。助け合って住むと口にすると、なにか偽善的な感じがしませんか？　私たち自身、現実には助け合いながら生きています。助け合わないと生きられるはずがない。僕だってそうだし、みなさんもいろいろな人に助けられながら生きておられるはずです。にもかかわらず、いまの私たちの生活を現実的に考えてみると、どうもそれがウソっぽく聞こえてしまう。いまの住宅を中心に考えるからです。それが「一住宅＝一家族」という住宅供給システムと決定的に矛盾するからです。さらにいうなら、それが経済成長という政策と矛盾するからです。助け合って住むという住み方を偽善的と感じる私たちの感性をこそ疑うべきなのではないか、というのが三番目の問題です。

四番目は、記憶です。私たちの生活環境は、たんにいま現在の生活の中心であるだけではなくて、私たちが共有する記憶とともにあるはずです。生活環境は、家や建築、道路や河川や公園のような人間の手によってつくられた、あるいは人間の手が加えられたモノによってできています。そうしたモノによってつくられた生活環境は、持続的にそこに存在して私たちの一生よりも長くそこにあり続けるからこそ、それがひとつの景観として共同体的な記憶になっているのだと思います。それが津波によって一瞬にして失われてしまった。共同体的な記憶が失われてしまったのです。それはたんに自然災害ではないと思います。人間の手によってつくられるそのモノは、共同体的な記憶であるという意識とともにつくられてきたのか。そのつくる側の理論に欠陥があったのだと思います。

戦後日本の開発の理論は、その場所に固有の景観を大切にするよりも、むしろ標準化を開発のその尺度にしました。日本中を一律な風景にして地域格差をなくすという名目だったのだと思いますが、たしかに成長経済のためには極めて有効だったと思います。そのためにひな壇状に山を造成して、駅前を区画整理して、商業地域をつくって、あるいはディベロッパーがマンションをつくる。ミニ開発してそこにハウスメーカーが住宅をつくる。そういう開発の仕方をしてきました。今回の被災地の多くがそういう形式でつくられた場所だったのではないかと思います。私たち建築家には責任があると思います。その場所の固有の風景をむしろ壊す側にいたのではないのか。そういう意味での責任です。景観を大切にするという意味が表層的に表面を取り繕おうとするような意味になってしまった。その責任は計画する側の責任だと思います。

景観よりも経済復興だという意見はこれからもますます強くなると思います。また同じことを繰り返すのか、それともいままでとはまったく異なる理論で私たちの住む場所について考えるのか、本質的な意味でそれが問われているように思います。この四つの、回答というよりも、問いかけだと思います。それをすべてが失われた場所を見て改めて考えました。最初に藤村さんが言われたように、私からの問題提起とお考えいただけたらと思っています。

住宅ストックの活用と仮設住宅

†空いている住宅をシェアする――仮り住まいの輪
†八〇年前の復興住宅に見られる知恵
†戦中にはじまった「住宅だけでいい」という考え
†ODAに似た仮設住宅の建設
†出なかった「非常事態宣言」
†「事前復興」という考え方

藤村（龍）　いまの発言を受けて、「一住宅＝一家族」というシステムが浸透し、住を共有することがそもそも認識されないような社会状況のなかで、住を共有する可能性、手がかりについて、島原さんにおうかがいしたいと思います。島原さんは「仮り住まいの輪」という活動を震災後に起ち上げられています。お手元のチラシ（シンポジウム会場で配布）には「思いの輪がつながる住まい探し」「被災者支援のプラットフォーム」とあります。

島原万丈　「仮り住まいの輪」の活動をはじめた背景をまずはお話しいたします。

山本さんのお話にあったように、やはり経済成長とセットになった住宅供給システムが日本の住宅のあり方を決めてきたのだと思います。じつは、去年（二〇一〇年）一年間ほど、震災の少し前まで、「ハ会」という——震災後には言葉にすることが少しためらわれるのですが——「破壊」をもじった名前の会を、リノベーション住宅推進協議会の仲間を中心に行なってきました。日本中で家は七〇〇万戸くらい、賃貸住宅だけで四〇〇万戸も余っています。それなのに国はまだ新築をどんどん建てようとしている。住宅市場があまりに新築に偏っているため、ストック市場が育たない。その結果、建てたそばから家の資産価値は下落し、住み替えもままならない。建物は短いサイクルでスクラップ・アンド・ビルドされてしまう。住宅政策の大方針としては「ストック型社会への転換」がすでに打ち出されているにもかかわらず、着工数一〇〇万戸を目標とする住宅産業界からの要望に応えるかたちで、税制優遇や補助金など税金を使っての新築住宅優遇政策がやめられない。このように従来の住宅の供給システムにおいて、新築の建設が既得権益化して産業構造が硬直化してしまっているところなどが明らかにあり、このままでは住宅産業自体が立ちゆかなくなるのも目に見えている。そこで連続五回のシンポジウムを開催して、建築や不動産など住宅供給産業に関わる内部の人たち自身が問題意識をもち、今後の住宅産業のシス

島原万丈　1965年生まれ。リクルート住宅総研主任研究員。「愛ある賃貸住宅を求めて」などの論文をもとに住宅産業に関する講演、執筆のほか、一般社団法人リノベーション住宅推進協議会の設立など、住宅市場におけるストック活用の提案活動を続ける。東日本大震災では、全国の空き家や空部屋を被災者のために提供する情報マッチング・サイト「仮り住まいの輪」(https://www.karizumai.jp/)をいち早く起ち上げた。

テムを考え、また余った住宅をストックとしてどのように活用するのかを議論してきたんです。

そんな折、ちょうど震災が起きた日の真夜中、というか翌朝四時くらいに、大阪でリノベーションビジネスをされている、アートアンドクラフトの中谷ノボルさんからメールをいただいたんです。震災に際していまある住宅ストックを活用していくべきではないか、この業界にいるわれわれにできることがあるはずだといった内容でした。中谷さんは阪神・淡路大震災の時に復興に関わっていらっしゃいました。がんばってたくさん家を供給したと思ったら、建てた家に入居者がおらず、しかも周りは空き家だらけだった。もっと早く動くことができたらそんなことにはならなかったのではないか、という思いがあったそうです。

中谷さんのメールをきっかけに自分にもなにかできないかと考え、一緒に「ハ会」をやった仲間へメールを送り、それだけでなくツイッターでも呼びかけたら、あっという間に立候補者が集まり、震災の二日後、三月一三日には第一回のミーティングを開きました。メンバーは不動産業者や建築家を中心に、ウェブ技術者、法律家、不動産投資家、文筆家など幅広い分野のプロが集まりました。中谷さんが急遽つくった企画書を叩き台にして、お金や人は現地に移動することができますが、住宅はいま使っていないものがあっても現地へ送ることができない。だったら、こちらにはたくさん空き家があるので被災者の方に気に入った物件があったらいらっしゃいませんか、と呼びかける場をつくろうと。その後――メンバーはみんなそれぞれ仕事を持っていますから――夜遅くや休日とかに集まり、それぞれの専門分野からの視点を持ち寄って議論を重ね、そうやって「仮り住まいの輪」のシステムができあがりました。

「仮り住まいの輪」では、物件はすべてオーナーの善意によって無料で提供されます。賃貸住宅の空室だけでなく、たとえば、「息子夫婦が出て行ったので二階が空いていますよ」とか、「夫婦二人で3LDKに住んでいるので一部屋空いていますよ」というような場合や、別荘や企業社宅や寮、宿で空き家になっているところがあったら、オーナーに登録していただく。普通の賃貸住宅のような敷金や礼金や管理費もなしです。借地借家法にもとづく通常の賃貸借契約では、借り手の居座りなどオーナーにもリスクがありますし、重要事項説明なども必要になるので、法律家のアドバイスによって使用貸借という契約形態

（個人的な信用をもとに結ぶ契約）をとりました。被災者の方たちは登録物件から希望に合ったものを検索することが可能です。被災者の方に必要なのは、水道光熱費などの実費だけというルールです。

四月一日にウェブサイトを起ち上げたのですが、多くのマスメディアで紹介されただけでなく起ち上げ前からツイッター上でも話題になり、あっという間に三〇〇件近い物件が登録されました。物件の登録だけでなく、いくつかのNPOや公益法人から活動を支援したいという提携の申し出もいただきました。

被災者へのPRは、メンバーが被災地入りして現地のボランティア団体と情報交換したり、現地メディアへプレスリリースしただけでなく、各地の避難所を回って地道な広報活動もしました。結果、被災者の方からの物件問い合わせも、のべ三〇〇件近くにのぼり、マッチングは当事者同士でやっていただく仕組みなので正確な数は把握できていませんが、登録されたのべ物件数と現在掲載中の物件数の差し引きから、一〇〇組近くの入居が決まったとみています。入居された方は、福島からの自主避難の方が多いようです。

「仮り住まいの輪」を起ち上げる際に問題意識としてあったのは、たいへんな震災の規模でしたから、避難者の数が多く、圧倒的に住まいが足りなくなるだろうという住宅の供給

図1　応急仮設住宅　着工・完成戸数の推移

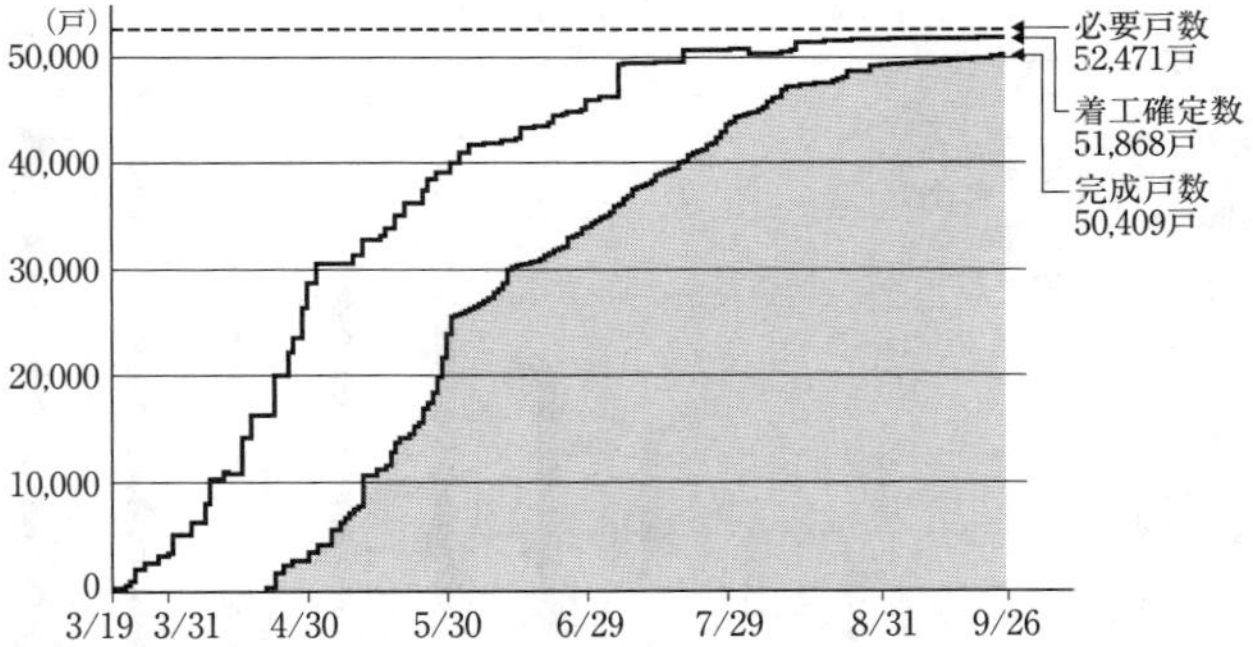

国土交通省住宅局資料より作成

量のことでした。

図は、応急仮設住宅の数の推移を表したものです（図1）。震災直後の三月後半くらいは、国、マスコミ、被災者の方も、応急仮設住宅を一日も早くつくろうと大合唱でした。体育館で避難生活をされている方が多かった時期でしたから応急仮設住宅は必要でした。しかし、津波によって土地インフラごと流されてしまったわけですから、そもそも住宅を建てることのできる土地がないわけです。当初七万戸をつくる計画でしたが、なかなか建設が進まず、五月末の時点では二万五〇〇〇〜二万六〇〇〇戸に留まっています。

民間賃貸住宅を借り上げて仮設住宅として扱う制度も、最初の声かけは早かったのですが、国と県が綱引きしている間に時間が経ってしまい、まともに稼働しはじめたのは六月中旬以降からでした（図2）。

図2　民間賃貸住宅の借上げによる応急仮設住宅への入居戸数の推移

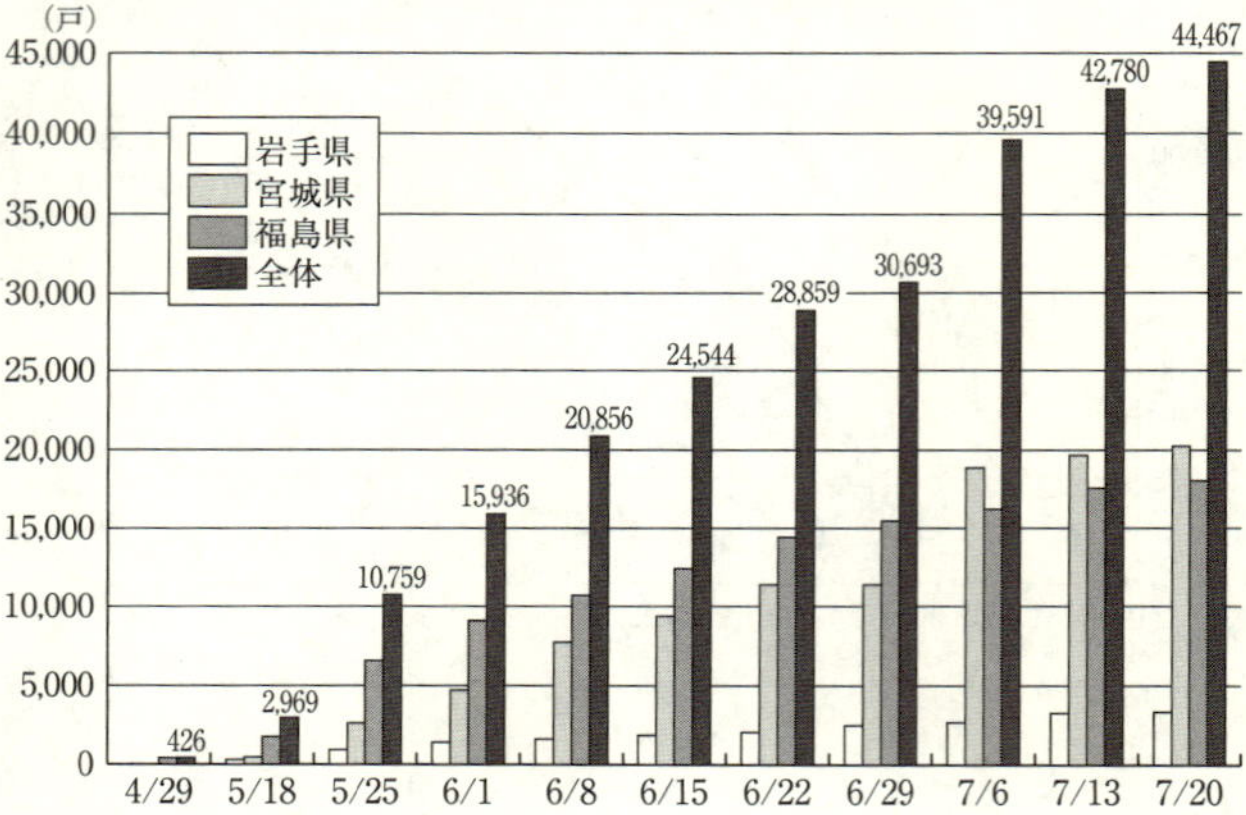

※1　各県からの報告に基づき作成
※2　全体には，岩手，宮城，福島以外の県において借り上げているもの(2,826件)を含む。

内閣府資料より作成

つまり、家を失った人は、震災後二、三カ月は避難所で生活するしかないという状況だったわけです。でも、先ほど言ったように日本全国では住宅は余っている。だったら、空いている住宅をシェアする発想で被災者の方の仮住まいにすればいいんじゃないか。どうせすぐに取り壊す仮設住宅を苦労してたくさんつくるより、早く安上がりにたくさんの住宅が確保できるじゃないか。人々の善意のなかで被災者を支援するほうが被災者にとってもいいんじゃないか。そういう思いがありました。

その後、仮設住宅ができてもなかな

図3　震災後の居住形態と「仮り住まいの輪」

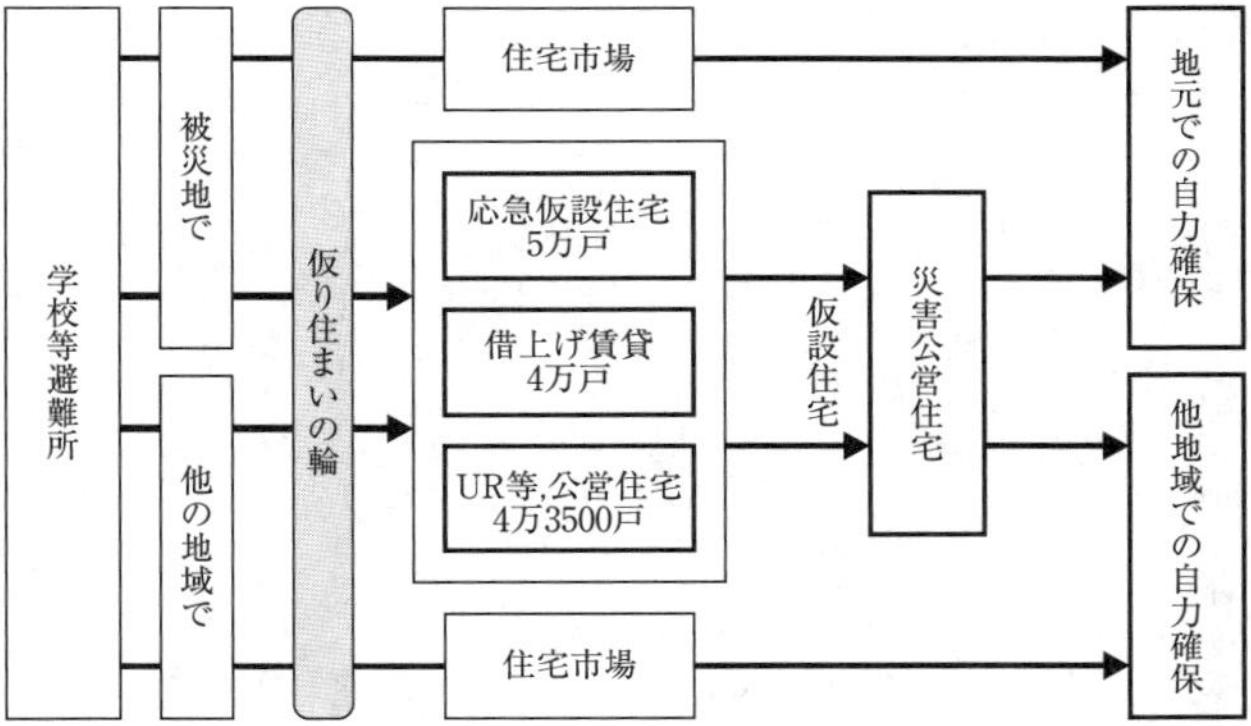

か人が入らなかったり、入ったとしてもいろいろな事情で出てきてしまったりと、予想を超える動きがあり、私たちにも新たな気付きがありました。

学校などの避難所を出る場合、現時点での住まいの確保のルートとしては、公的な住宅の手当で一四万戸弱（応急仮設住宅五万戸＋借り上げ賃貸四万戸＋公営住宅四万三五〇〇戸）あり、数は足りています。しかし、ここに入らないのであれば自力で住む場所を確保しなければなりませんので、公か市場の二つの選択肢しかない状況といえます（図3）。しばらくは避難所で我慢して、次は公が用意した仮設住宅に入るというひとつのルートだけが強調されて、それがいやなら自力でなんとかしなさいというやり方なんですね。賃貸住宅のみなし仮設化も、厚生労働省の通達では県内に限ったものではないのに、県で運用される際には制度の適用範囲を県内に限定していました。

でも、大変な思いをされた被災者の立場に立ってみれば、プライバシーのない避難所から次にどうするかを考えようというときに、ワンクッションおける、頭を冷やせる空間があってもいいのではないかと思います。「仮り住まいの輪」は、仮設住宅が建つまでにかかる二カ月から三カ月のあいだの住まいを確保する手段としても理想的です。少しでも快適な場所を見つけることができれば、被災者の方にとっては、重要な決断を下す際の――たとえば被災地に残るのか、移住して新たな職を見つけ生活を再建するのかを考えるあいだの――ポジティヴな時間稼ぎができるような場にもなると思うんです。

そういった状況のなかで、空いている住空間をシェアする発想で活用することで、公か市場の二択しかない住宅供給のオルタナティヴ、第三の選択肢として「仮り住まいの輪」の活動があるのだと確信できました。同時に、現地入りしてボランティア活動はできないけれど、被災された方たちの力になりたいという住宅のオーナーや不動産のオーナーのみなさんの思いを集めるかたちにもなりました。

藤村（龍）　島原さんのお話で非常に印象深かったことは、ツイッターでの呼びかけを行なって活動をはじめられたことです。一九九五年の阪神・淡路大震災の時は、ボランティア元年であると同時に、インターネット元年でもありました。当時は震災直後にソーシャル・メディアを使って「仮り住まいの輪」のような活動がはじまることはなかったのですが、今回はツイッターを活用することによって、島原さんたちが行なったような活動が迅速に起ち上がっていった。市民が素早く、機動的に動いていった結果、行政の立ち遅れが対比的に映ってずいぶん非難されるということが起きました。

その流れで大月さんにお話をおうかがいいたします。大月さんは建築計画学の立場から、岩手県釜石市と遠野市で、実際に仮設住宅の設計に携わっていらっしゃいます。震災復興の立ち遅れに対して、行政に対する批判があるなかで、行政とも関わっていらっしゃる大月さんの視点から、今回の震災はどう映ったのかお聞かせください。

大月敏雄　私はふだん、関東大震災後につくられた同潤会アパートをはじめとする古い集合住宅や団地などの住みこなしのプロセスについて研究を行なっています。

関東大震災の後、同潤会によって仮住宅が二〇〇〇戸あまりつくられました。それらを見ていると、住宅だけでなくて店舗併用住宅、集会所、授産所（職業訓練施設）、銭湯などが、仮住宅のなかにつくられていたんです。ここでまず確認しておきたいことは、八〇年以上も前の先輩たちは、人間が居住する地域が、住宅のみによって成り立つなどとは考えていなかったということです。人が集まって住む場所をつくるときには、住宅以外に、商業・福祉・就労の場がないと成り立たないという、極めて当たり前のことが計画与件として前提されていたのです。古くから、人間生活の基礎的条件を「衣食住」というふうに表現します。すでに言い古されたことかもしれませんが、あらためてこれを地域の計画論として、「医職住」と解釈し直せば、これらの機能が町にないと人間の地域生活が成り立たないということがわかります。医は、医療はもちろんのこと福祉を含む概念であり、とくに子供やお年寄りに対するケアの問題です。また、職は就業のことであり、食べ物を得る手段としてのお金を稼ぐことから、生きがいとしての職業という広い概念を含みます。もちろん、食べ物をはじめとする日常不可欠な品々を購《あがな》うことができる購買施設もここに含みます。こう考えたときに、少なくとも同潤会の時代は、医職住の機能がなければ居住環境は成立しないということが暗黙の前提だったということです。このことは、同潤会がその後建設したアパートメント内の各種社会施設を見ても容易に理解できます。

ただその後、同潤会を吸収しながら一九四一年に住宅営団という国家直属の組織ができ、戦時下という非常時において、いかに大量に早急に住宅をつくっていくかが追究されるようになりました。それが戦後の標準設計というものにつながっていきますし、山本先生がおっしゃった「一住宅＝一家族」はこの段階からはじまったテーゼとして、極めて図式的に日本の住宅政策に盛り込まれていくことになります。その背景として、内務省から昭和一三（一九三八）年に分離した厚生省という組織の存在が指摘できます。厚生省のなかにはじめて、住宅課という、住宅供給を専門に扱う部署が誕生したのです。これが現在の国土交通省住宅局につながります。現在の縦割り行政のはじまりのひとつです。何万世帯が住宅をほしがっているので、住宅を何万戸供給しなければならないとなれば、供給すべき住宅数（一家族に必要な平米数）と一戸あたりの金額（平米あたりの金額）を掛け算するといくらの材料（お金）が必要なのかがわかる。そのように住宅不足を解消化するための戸数算定の計画と、それに伴う必要部材供給を効率化・産業化しようというのが、ここ半世紀ぐらいのあいだに日本が住宅供給をめぐって取り組んできた道筋だったわけです。

当然、住宅営団の初期には団地を設計する際に、公園、集会所、銭湯、購買施設などがどの程度必要かということも、当時最新の知識であったアメリカの近隣住区論などをも参照しつつ検討されましたが、戦況が悪化するに従って、まずは住宅があればよいのだということで、こうした社会施設は次第に建設されなくなっていきます。その極めつけが、敗戦直後の昭和二〇年に建設された戦災復興応急簡易住宅です。これは越冬住宅とも呼ばれましたが、その団地のほとんどが見事に住宅だけによって成り立っていたのです。団地の

大月敏雄　1967年福岡県生まれ。東京大学准教授。関東大震災後につくられた同潤会アパートをはじめとする集合住宅や世界各地のスラムについて、どのように建てられ、住まわれていくか、人と住環境に関する研究に携わる。東日本大震災では仮設住宅の設計に取り組む。主な著書に『集合住宅の時間』（王国社）、『消えゆく同潤会アパート』（河出書房新社）などがある。

なかにどのように住宅以外の機能を盛り込むべきかが再び議論されはじめたのは、日本住宅公団が大団地をつくるようになってしばらくたった、昭和三〇年代前半です。昭和二二年に制定された、現在の仮設住宅建設の根拠法となる災害救助法が、仮設住宅の建設において住宅機能しか問題にしていないことは、こうした歴史的背景からも説明できます。

災害救助法にもとづいて県が発注者となり、仮設住宅が建設されるというのが、戦後一貫した手法であり、とくに近年ではプレハブ建築協会に一元的にその建設を依頼するという図式が固定化してきました。基本的には阪神・淡路大震災のときにも新潟県中越地震のときにも、この図式通りに仮設住宅が建ちました。災害規模がさほど大きくない場合は、こうした枠組みは十分に機能するでしょうが、阪神のときや今回のように極めて大規模な場合は、もっと多様な仮設住宅の建設方法を組み合わせていかなければならないのではないかと思います。とくに、災害が大規模になればその経済効果に目をつぶるわけにはいかなくなります。仮設住宅の仕組みはODA（政府開発援助）に似ていると思います。ODAでは税金を使って第三世界へと援助を行なうわけですが、援助先の国で仕事を請け負うのは日本の企業だったりします。それと同じことが今回の震災でも起きているのだと実感しています。被災地に仮設住宅を建てるにあたっては、一軒あたりトータルで四〇〇万〜五〇〇万円くらいかけています。かりに四〇軒建てるとすると、東京から被災地に二億円くらいのお金が動くことになるわけです。ですが、そこで誰が待ちかまえているのかというと中央の企業です。つまり、また東京へとお金は還っていくことになるのです。地元に落ちるのはわずかにしかならないわけです。このお金の多くが地元に落ちればいいのにと、よく考えます。もちろん、プレ協の会員各社にしてみれば、一種の社会貢献として、普段通りの仕事よりはよっぽど効率の悪い仕事を、しかも通常の業務活動を一時止めながらやるわけで、それに対する営業補償はもちろんない。仮設住宅建設によって赤字は出ないにしても、決して割のよい仕事ではなく、それこそ社会正義の意識に支えられながらやっているわけです。しかも、プレ協は災害が起きていない平常時にも、都道府県と協定を結ぶことによって、都道府県の防災担当者への啓蒙を地道に行っており、災害があってはじめて災害のことを考えはじめる人々より、よっぽど意識が高いことは間違いありません。ただ、今回のような広範囲の災害では、プレ協でさえすべての必要戸数の建設ニーズに応えることができなかったし、このため急遽、被災県ではプレ協以外の建設産業に頼らざるを得なかった。今回のように莫大な税金が仮設住宅建設に費やされるときに、そのうちのなるべく多くを現地の経済に取り込むこと自体が、すでに復興の第一歩ともなることを考えれば、大規模災害のときに、どのように仮設住宅建設予算を地元で消化できるのかについても同時に、平時から考えておかねばならないということでしょう。

私が着目したのは仮設住宅のつくられ方です。阪神・淡路大震災や中越地震でたくさんの仮設住宅がつくられたわけですが、その経験がまったく活かされていないんです。その理由を探ろうと、いろいろな方に話を聞いていくうちに一番問題ではないかと感じたのは、明らかに非常事態であるのにもかかわらず、非常事態宣言が出されなかったことです。結局、現場で仮設住宅建設に従事するのは県や市の職員です。そうした方々は、平常時と変わらない責任の取らされ方を前提に、非常事態の仕事をしているわけです。非常事態には、非常事態なりの現場の創意工夫があってしかるべきなのに、たとえそれがテレビを見ていて誰もが気づくようなものであっても、現場の職員の一存ではなにもできないということなんです。いつも中央政府からの事務連絡による規制緩和を待たねばなりません。非常にもどかしい状況です。現場の職員は一生懸命やっていても、平時以上のことはできない。非常にましてやはじめて経験する仮設住宅建設において、おざなりにつくられたマニュアルどおり以上の創意工夫をさしはさむ余地は望むべくもなかったのです。こうした結果、ほぼ住宅のみでできた、収容所にも形容される、南面平行配置型の住宅群しか建設されなかったのだろうと思います。すでに述べましたように、住宅地には医・職・住の機能がくっつかねばならないし、高齢者が全国平均より高い地域ですので、阪神で批判された大量の孤独死を未然に防ぐための、コミュニティ形成や相互見守りの可能な住棟配置が当然工夫されるべきだったのです。すでに中越地震ではそうした経験が踏まえられていましたが、今回は、ほとんどそうした点において工夫がなされていなかったし、むしろ中越よりも後退していたということができます。

加えて、こういう状況にありながら、永田町では政治的パフォーマンスとしか言いようのないやりとりがなされました。早く仮設住宅をつくらないと大臣や局長の首が飛ぶぞ、というかけ声が東京から聞こえてくると、現場の職員の方たちにその余波が伝わって、大臣や局長が首を賭してやっているのだから、現場では一刻も早くつくらなければならないとなるわけです。免責されていないうえに政治的パフォーマンスに無理やり付き合わされるのですから、ますます現場の創意工夫が奪われてしまう。

では、どうすればいいのかというと、月並みですがいわゆる「事前復興」という考え方が重要だと思います。あらかじめ精一杯の被災状況を設定し、実際に震災が起きたときの予行演習を頭のなかで、机の上で、現場でやっておくべきだと思います。たとえば、静岡県では、昔から東海地震に備えてさまざまな取り組みをしていますが、震災が起きた場合に、どの公園にどんな仮設住宅をどのように並べるかをすでに予行演習しています。たとえば仮設住宅の玄関を対面式にして、被災者同士のコミュニティ形成を促すことがすでに、具体の場所の仮設住宅配置計画案としてマニュアルに載っていたりします。これまでの震災で起きた仮設住宅の問題点を回避できるような対策があらかじめ盛り込まれているんですね。しかしこうした取り組みはまだ静岡県くらいでしか行なわれていない。残りの都道府県は、あたかも自分のところでは震災が起きないと思っているかのようです。今回の震災で被害が大きかった三県ももちろんそうだった。ですから、慌てふためきながら、南面平行配置の仮設住宅を中央政府にプッシュされるがままにつくってしまった。そうした意味でも、極めて当たり前のことですが事前復興・予行演習は非常に重要なことなのではないかと、今回の震災に際して改めて思った次第です。

藤村（龍）　大月さんが関わっている仮設住宅の平面図を見せていただくと、西側のブロックは南面平行配置なんですね。このような仮設住宅に対しては、阪神・淡路大震災、新潟県中越地震以後、いろいろと批判がでました。今回も同じようなかたちで仮設住宅がつくられようとするなかで、大月さんはさまざまな提案をされています。詳しくはまた後ほどお話しいただきます。

地元の人々の活動を支える

†必要なのは地元の自立につながる計画
†現場の細部に目を向ける社会デザイン
†中間的な組織の役割
†重なった四つの被害
†震災を歴史にどう位置づけるか

藤村（龍）「事前復興」についてのお話がありましたが、今回の震災でも、日頃から地域の連携があるところとそうでないところでは被害の出方に差があったようです。すなわち、コミュニティの結びつきの強さが被害の多寡に影響し、コミュニティが見直されたという側面がありました。その観点で中村さんにおうかがいします。ご専門であるNPOやNGO、市民活動や地域社会学の観点から、震災後の動きをどのようにご覧になったのでしょうか。

中村陽一　ふだんは「社会デザイン」――このシンポジウムのタイトルにも入っていますが――について、多様な背景と経験をもつ社会人院生たちとともに探究し続けています。東日本大震災をうけて、まさしくこれまでの研究や活動の真価を本質的に問われる時代に直面していると感じています。震災直後から、修了生や在籍生からも「いまこそ社会デザインについて、本当に考えていかなければならないときですよ」といった声が数多く寄せられています。同時にまた、自分たちにも何かやれることがあるのではないかとか、すでにこういうふうに動いているのでぜひ連携したいといった具体的な提案が続々寄せられてきましたし、いまも寄せられています。

そうした声の多くが、未曾有の事態に直面しても決して舞い上がることなく、また空疎な批評や一般論に陥ることもなく、現場の取り組みに即して坦々と、人々と社会の「声」に耳を傾け、「まなざし」を向ける立場に立っているところに、私は、この二〇年余りのNPO／NGOなど市民の活動の「成熟」を見る思いがします。それこそ、社会デザインへと向かうソーシャルデザイナーの立場だと言ったら言い過ぎでしょうか。彼らは、さまざまな職業をもつ人々ですが、そこには、立場を超えて、応答能力としての responsibility（response+ability）を発揮しようとする姿勢があります。

ここでいう社会デザインとは、環境に関する諸課題や地域紛争など前世紀からの宿題に加え、「先進社会」でも進行する新しい形の貧困や社会的排除をはじめ、次々と新たな課題に直面している現在にあって、これまでなら通用してきたかもしれないがいまは限りなく無力化している発想と方法論を超え、社会の仕組みや人々の参画の仕方を変革し、具体的に実現していくための思考と実践のことを指しています。

ですからそれは、単に図案やアイデアを考えるというのではなく、本質的で、時代の課題と格闘するデザインです。傑出した単一の原理や個人に依拠するのではなく、個々の方法論やメンバーが特色ある知を有するユニットとなって、今ある組み合わせを変えるネットワーク型の力を発揮し、そこから世界を変えていくイノベーションを進めるのです。

ただし、社会デザインが万能であるかのような主張をするつもりはありません。社会デザインによって、世界を変えることはできるかもしれないし、そうしたいと考えてもいますが、でもできないかもしれない。だからこそ、デザインの対象や成果（物）もさることながら、デザインする主体のありようが大事です。重要な発見や変革は、はみ出し者や異分野から創発することが少なくありません。必ずしも、その時代、その社会の主流となっている価値を体現する個人や集団ではない主体の可能性もありうるのです。また、社会における関係性がデザインと大きく関わってくることに、後ほどふれたいと思います。

中村陽一　1957年石川県生まれ。立教大学大学院21世紀社会デザイン研究科教授。NGO/NPOなどの市民運動をはじめ、社会的企業、コミュニティビジネスなど幅広い領域を研究。新しい市民社会のグランドデザインを構想する社会デザインを実践する。共（編）著に『日本のNPO/2001』（日本評論社）、『都市と都市化の社会学』（岩波書店）などがある。

まだ十分に可視化されてはいないけれども、たしかに存在感を強めているこうした動向は、ネットワーキングとかシナジーとかリゾームといったキーワードに連なるものです。またそれは、「市民社会」という長年の日本社会の宿題とあらためて向き合い続ける問いでもあります。前世紀終わりから今日に至るNPO／NGOなど「市民活動」の進展はその例のひとつといえるでしょう。そこでは、後でも焦点のひとつとなる中間領域の存在が鍵になると思います。

さて、私自身はNPO、NGOの現場と研究の場とを往復しながら市民活動や地域社会について考えてきた人間です。また近年は、ソーシャル・エンタープライズ（社会的企業）

やソーシャル・アントレプレナー（社会起業家）の台頭によるソーシャル・イノベーションから、社会デザインを考えてもきました。そんな立場から、今回の震災を契機に、私たちの知のあり方が根底的に問われる場面が増えてくるのではないかと考えています。

たとえば、地震災害、津波災害、原発事故、風評被害等々、この間に起こったことは、建物や構造物としての街の破壊にとどまるものではありません。もちろん、それらの破壊自体、本当にすさまじいものだったのですが、さらに深刻なことに、そこにあった関係性や共同性そのものが壊され、流されてしまっている。そこでは、経済成長を絶対として築き上げられてきた日本の社会の近代的な知がちゃんと機能しなかったり、無効であったばかりでなく、民衆知・土着知・経験知の基盤として歴史的に形成されてきた地域性もかなり傷ついた。また、原発事故や自然災害に対応するはずの専門知への信頼に至っては、地に落ちているといっても過言ではありません。あらためて、さまざまな知のあり方をもデザインする思考と模索が必要だという事実が突きつけられているわけです。

震災から四カ月余り考え、動いてきて、基本的なスタンスとして「できること」のレベルを三つくらいに分けて考えることが大事だと思っています。まず人としてできること、それは祈ることや悼むことだと思います。そして市民としてできることは、募金や寄付、ボランティア活動など実際のアクションを伴い、被災地の（後方）支援をすることだと思います。三つ目は実務家、専門家としてできることです。

そして、何かを実行する際に、地元の人たち、とくに被災者の心の速度に寄り添う運動論、いわば上から「束ねない」運動論が必要だと思います。確かに、スピード感とスケール感が重要なのは多くの方が言っているとおりで、地元の自立につながるような計画論や制度政策論が必要だというのもそのとおりです。ただ、そういったことを考えていくときに、今後は、今日のこれまでの話にもでているように、既成概念から脱却した生活者視点の社会デザインとでも言えるものを提案していかなければならない。ある種の「概念崩し」が必要です。

先ほど藤村さんから――この言葉に私は否定的なのですが――「ボランティア元年」という話がでましたが、阪神・淡路大震災のときのNPO、NGOにつながる経験が、じつは今回あまり役に立たない局面がでてきています。被災の規模と程度と拡がり、なんといっても原発事故の影響、そして歴史性とそこでの協同性のありように彩られた地域性などの相違は、阪神・淡路での被災経験とは異なる次元を多々はらんでいます。ですから、「阪神・淡路大震災の経験を活かせばなんとかなる」というのではない考え方、ここでも概念崩しが必要になります。

主体は地元です。地元がエンパワーメントできるように、被災地以外から支援する立場である私たちは、脇役としてサポート・ネットワークを形成していかなければなりません。難しいのは、昨日までのまちや暮らしへの〈復旧〉と、現在の状態からの〈復興〉と、明日からの〈再生〉（概念崩し）という互いに矛盾することもありうる三つの動きを同時に進めなければならないところです。課題解決のための知のあり方、その活用の仕方、そして社会デザインが大きな役割を担うのだといえます。ある問題に対して、科学的に分析すればわかるのだ、あるいは計画を立てて実行すれば解決するのだというような、これまでに一般化している前提を考え直しながら、具体的な現場の細部にこだわることが社会デザインの立場です。

また、地元地域にあらかじめ存在する人と人との関係性、コミュニティとしての関係性をどのようにつかんでいくのか。明日からの新しいコミュニティをデザインするときには、それまで場や地域の関係性を成り立たせていた民衆知を、どう新しいデザインに接続するのかが鍵となります。これは、ことばで言うのは簡単ですが、本当に難しい作業です。

ＮＰＯ、ＮＧＯを含めた市民の活動の蓄積や熟成には、資金・人材・情報などを提供する行政や企業そして市民と、それらをもとにコミュニティで活動するＮＰＯ、ＮＧＯとを媒介する組織であるインターミディアリー（中間支援組織）が必要になります。コミュニティにかつてあった関係性に対して、インターミディアリーが、地域をデザインし直していくときの触媒となって役割を果たしていく。問題は、そういう場や組織が、地域にどれくらい存在しているかです。やはり地元だけではできない部分がありますし、行政の機能などが震災の影響でかなり崩壊してしまっている地域もある。

時間や空間をデザインしていく際に、都市デザイナーや建築家の方々と協働しながら、私たちが脇役としてのサポート・ネットワークを構築しつつ、中間的な部分の役割をどう果たしていくのか――。３・11以後必要になってくる社会デザイン的な発想を、ＮＰＯ、ＮＧＯと関連させて、後ほど、より詳細にお話しさせていただきたいと思います。

藤村（龍）　中間的な部分の役割をどのように果たせるかという、地域再生のポイントをお話しいただきました。次に、福祉社会学をご専門にされています、藤村正之先生からコメントをいただきたいと思います。

藤村正之　居住の仕方や地域再生のあり方でお話がでておりますが、私のほうはまず今回の東日本大震災で感じたことなどについて、お話をさせていただければと思います。

私自身が岩手県盛岡市出身です。高校の同級生には三陸出身の者も何人かおり、いまも三陸に住んでいる者もいます。今回の震災で、やはり家屋の流出を経験した者がおり、また、津波というより、その後の避難先での親族の死にあった者もいます。他方、同級生が県内各地で、医師や公務員、NPO職員として働いており、彼らの復興への不眠不休の奮闘ぶりを聞いているところでもあります。私自身の家族や親族は内陸部におりまして、津波被害はなかったのですが、地震による停電や電話の不通、物資不足、灯油不足などを経験しました。東北地方は過去から経済的に恵まれているとはいえないわけですが、今回、戦後最大の震災ということで、追い打ちをかけられるような事態になってしまったと感じています。

東日本大震災は大きく「大震災」というかたちでまとめられるわけですが、実際には次の四つのことが重なって起き、それぞれ個別的に問題の質や広がりがありつつ、それが一気に連動して起こったと考えています。地震被害、津波被害、原発被害、そして、関東・東北だけでなく全国で経験しつつある電力不足です。それぞれの重なりや違いを意識して理解や対策、課題の検討が必要になってくるのではないかと思います。

まず、最初、三月一一日の午後二時四六分に起こったのが巨大地震でした。私も大学におりまして、東北でなく東京にいたにもかかわらず、ひさかたぶりの長く大きな揺れを経

藤村正之　1957年岩手県生まれ。上智大学総合人間科学部社会学科教授。人々の「生」のあり方と社会構造・社会変動の研究を通じて、現代の日本人が抱える生きづらさ、生のリアリティを社会学の視点から追求する。主な著書に『社会学』（有斐閣）、『福祉化と成熟社会』（ミネルヴァ書房）、『〈生〉の社会学』（東京大学出版会）などがある。

験しました。もっとも、その時点では震源地がわからなかったのですが。この地震によって起こったのが新幹線や在来線、高速道などの交通網の寸断、火力発電所や送電線の被害による停電、水道管の被害での断水、さらには千葉での地盤液状化などでしょうか。高速交通網の寸断が、その後の支援者や物流の停滞を招き、救援に少なからぬ影響があったと思います。これらの地震被害は地震による問題として、阪神・淡路大震災などと比較して検討する必要があるのだろうと思います。

次が、巨大津波です。沖合の地震であったため、これが連動的にひきおこされ、この震災の性格や被害を大きく決める要因となったのが大津波でした。災害としては戦後最大の死者・行方不明者を出したわけですが、そのほとんどが地震ではなく、津波の被害によるものであったかと思います。岩手・宮城の沿岸部の市町村の街並みや景観が見たこともないような壊滅状態となりました。陸前高田市の高田松原の七万本にもおよぶ松が一本だけ残ったのは、倒された意味でも残った意味でも象徴的でした。人によっては、引き潮による流出でなにもなくなった街の平坦さ加減を、「戦場」と評す人もいたほどです。一〇〇年に一回とも、一〇〇〇年に一回とも言われる、経験をしたことのない津波被害でした。同じ三陸を襲ったチリ津波が一九六〇年と五〇年前でして、テレビがようやく家に入りはじめたころでしたから、今回、津波のすごさと怖さを私たちははじめてテレビ映像で見せつけられたといえるのではないでしょうか。

そして、地震と津波の被害から電源停止に追い込まれ、冷却装置の機能不全によって発生したのが、原発事故でした。対応の一手によって状況がむしろ深刻になったり、分刻みで刻々と事情が変わりました。政府や東京電力の対応は世界的注視の下におかれ、外国の方を中心とする海外避難もあいつぎました。付近の住民の人たちには放射線被曝を避けるべく収束時期の見えない避難が求められ、各種の風評被害もあれば、農作物や畜産品の放射線量が社会的注目をあびています。ただちに影響はないとされるものの、放射線の人体への長期的影響については一定程度の不安は除かれつつも、実際には経過を見てみないと判然としないという状況です。原発安全神話が幕を引く瞬間が津波によってもたらされたのでした。

原発もからんでいるがゆえになのですが、これら三つの被害の累積した結果が全国に波及していったのも、今回の震災の大きな特徴かと思います。集合消費のインフラがだめになって、個人消費として買い占め現象も起こったわけですが、とくに遠く離れて被災していない都市部でのそれは、個人的生活防衛のはずが被災地の物資不足に拍車をかけることになってしまった。買い占めは一時的でしたが、震災被害の連動の重要な帰結のひとつが、東京電力などでの電力不足でした。地震で火力発電所がやられたところに、原発事故での電力供給停止が決定的な追い打ちをかけた感じでしょうか。電力不足の急場をしのぐため、三月下旬から計画停電が実施され、関東圏では地域ごとの時間停電や鉄道網の部分運休や間引き運転を経験した次第です。夏の電力使用制限令まで発動されたこの節電は、電力に多くを頼るライフスタイルの再考をうながすものとなりましたし、他方、産業界にとっては度重なる円高とのダブルパンチの大打撃で、安定した電力環境を求めて工場の海外移転がささやかれる事態にもいたっています。福島を見てしまった日本国民にとって、点検後の原発の再開有無は全国各地の政治的焦点となっています。

戦後日本が高度経済成長期を経て達成してきたもの、価値観が音をたてて崩れたといいましょうか、そういう瞬間が三月一一日の二時四六分だったのかもしれません。何か、ちょうど一〇年たっての9・11と因縁めいているのかもしれませんけど。明治維新から太平洋戦争の敗戦までが約八〇年、そして、戦後から今回の東日本大震災までが約七〇年。

各々の時期で、日本は離陸・成長・衰退を経験したといえるのではないでしょうか。したがって、今回の復旧・復興が東北の被災地の再建にとどまらず、日本近代化の第三局面に入っていく日本再生のあり方の議論につながらざるをえない。さらに、人によっては、ユーラシア大陸の日本とちょうど反対側にあるポルトガルの大航海時代の海洋国家としての発展と衰退に重ねあわせ、日本を「東洋のポルトガル」と評する方もいます。地震と津波の大きさが一〇〇〇年単位のものだったとするなら、国家や社会の栄枯盛衰を五〇〇年単位ぐらいで考えてもいいのかもしれません。

せまく福祉社会学というよりは、社会学の少し大きな話になってしまいましたが、東日本大震災を世界史や日本史の大きな流れのなかにおいてみる必要性、同時に今回の事態が被害規模だけでなく、「大震災」と呼ばれるにふさわしい四つの事象が連動的に起こった稀な事態だったことを確認する必要性があるでしょう。まるで風が吹けば桶屋がもうかるという言い方のように、東北の太平洋沖で地震が起こったのに、東海以西の農作物の安全性が問われているわけですから。数百年後の人が歴史をふりかえってみて、「どうつながっているの?」と思うような事態なのかもしれません。怖いような連動性でした。

経済中心の論理を変えなければ

†震災後の政治と、被災者とのズレ
†経済成長に無理に結びつけられる復興
†コミュニティと人間関係への配慮が見られない

藤村（龍） これまでさまざまな論点からコメントをいただきましたが、以上を受けまして松原さんにコメントをいただきたいと思います。

松原隆一郎 実家が神戸の東のはずれ、酒蔵がたくさんあるような土地柄の東灘区にありました。阪神・淡路大震災に遭って実家は全壊しました。近所の末妹の家も全壊しました。東日本大震災では津波の被害が大きく家がまるごと流されてしまったわけですが、一方、阪神・淡路大震災で多かったのは、揺れによって家が粉砕して垂直に落ちることでした。妹は震災当時、家族四人で家にいたそうなのですが、近所では家の外に出られた方が、順番にお互いを崩壊した家の中から助け出したそうです。最後に妹の順番になったのですが、そのときにすでに妹は亡くなっておりました。妹の家族三人は助かったのですが、妹の例からすると、やはり六時間以内に助け合わないと命に関わる。その間に津波や火事に遭うと、二次災害で人々は亡くなってしまう。自助や共助などはよく言われることですが、実感したのはそのときでした。震災直後に行政に助けていただくことは、実際にはほとんど無理なことなんだとつくづく思いました。

東日本大震災では、津波の映像を見ても、家がまるごと流されているのですから、揺れそのものは直下型の阪神・淡路に比べてもたいしたものではなかったと思います。仙台在住の方に聞いても、四月一一日の余震のほうが揺れはきつかったと言います。大震災といってももっぱら津波被害が甚大だったということなのでしょう。ということは、大震災に際しては、行政にお任せで助かる部分はかなり小さく、現場での判断や助け合いが生死をも決めるということです。かたちだけでない、震災についての記憶や言い伝え、予行演習が必要となるゆえんです。

神戸の復興の過程のお話をしますと、たとえば中心地の三ノ宮は、現在たいへん賑やかで震災があったことさえわからない状態です。もっと西のほうの長田区には、震災前は戦後の闇市から続くような雑居建築物が密集していた地帯でした。東京でいえば、来るべき大震災に備えてビルの建て替えが要請されるような地域でした。ハザードマップでも危険地域に色分けされるような。そんな長田区ではあちこちで木造家屋が全壊してから後に出火したのです。現地にいま行ってみれば、空き地はいまも散らばっていますが、たしかに復興しています。新しいビルが建ってはいますから。つまり復興といっても震災前の状態に戻すことは行なわれず、ここでは再び震災が起きてももちそうな、大きなビルを建てたんです。駅南の再開発地区は、東京で行政が求めているような、立派なものです。

ところがそこには、コミュニティも、さらには顧客も戻ってこなかった。わきあいあいとして賑やかで、楽しげな市場にあった人の関係は戻らなかった。たしかに建物をつくることも重要なのでしょうが、新しく建てる建物が個々のコミュニティに合うものなのかどうかが、震災からの復興の過程では重要になるのだと、阪神・淡路大震災の経験から私が感じたことです。つまり復興と言っても、ハコモノの次元とコミュニティや住まい方の次元が乖離してしまう可能性がある。さらには市場で供給力は回復しても、買ってくれる顧客との関係が切断されることがある。とくに長田区の商店では、カネによる売買だけでなく、人間関係で商売が成り立っているところがあったからです。お客も、商店をとりまく賑わいを求めて集まっていました。

さて、今回は大きな震災が東北地方を襲ったわけですが、私はたまたま趣味で「空道《くうどう》」

という東北地方発祥の武道をやっており、仲間が被災しています。奥様が亡くなられた方や、三四年のローンを残したまま家が流された友人もいました。何度か会いに行っていろいろと話を聞いています。彼らが口々に言っているのは、政治と自分たちの現実の生活は関係ない、ということです。仙台・岩手など被災地の現場の行政もそうですし、ましてや新聞に出てくるような内閣がいまなにをしているかについては、とても自分たちと関係のある話をしているとは思えないそうです。

具体的に言うと、全国から義捐《ぎえん》金がたくさん集まっていると聞きますが、日本赤十字社に集まったものですらうまく分配されない。先ほど大月さんの話にも出てきましたが、ここにも非常事態が宣言されていない影響が出てしまっている。平時と同じ感覚で、すべての人に落ち度のないように、公平に平等にきっちり配分しようとしているせいで、なかなかお金が回らない。ところが、今日、明日にも緊急にお金が必要な人がおられる。たとえば三陸の漁師さんたちの七割以上が

松原隆一郎　1956年兵庫県生まれ。東京大学大学院総合文化研究科教授。専門は社会経済学・相関社会科学。社会学・経済学といった専門分野にとどまらず、幅広い領域で遊撃的に社会を論じる。著書は、『日本経済論』（NHK出版）、『経済学の名著30』（ちくま新書）、『武道を生きる』(NTT出版）、『失われた景観』(PHP新書）など多数。

廃業したいと言っている。その理由を聞くと非常に悲しくなる。数ヵ月の生活費を得るために、漁協に預けてあるお金を引き上げるというんです。漁協を脱退して、漁業を廃業しなければならない状況にまで追い込まれているわけです。被災者の生活のために全国から集まった義捐金だったはずですが、届かない。情けなくなりますね。

現地では、誰がどこでどのように亡くなっているかもわからない。この状況に対応するための人も足りない。だからどう義捐金を配分すればよいのかわからない。県庁職員の人たちも被災されていますので、県庁を責めるわけにはいきません。民間企業だったらこのようなときには、被災していない全国の支店から東北に人を派遣するようなかたちで助け合うのだと思うのですが、やはり縦割り行政の問題があるのか、そのようにはなっていない。非常事態ではない前提でものごとが動いてしまっているために、こういうことになっているのではないかと思います。民間では、この企業の提供する材料がなければ他府県や海外でも生産が停止してしまうといった中小企業が東北地方にも散在しています。部品や材料から完成品になるまでの分業体制をサプライチェーンといいますが、自動車産業では一台の自動車が三万以上もの部品で構成されるといい、そのなかには不可欠でありながら世界的な技術を基盤としつつ中小企業によって供給されているものがあるのです。それだけに、サプライチェーンの復旧は急速でした。その背景には、民間企業には危機に対応しうるだけの組織が備わっているということがあります。それだけに、行政組織の復旧の遅れが目立っています。

今回、とくに政治などで語られている理想論的なものと、現場で仕方なく動いている人々とのズレ、乖離が極端に目立ったと思います。神戸の例をお話ししましたが、現地で求められている賑わいのあるような暮らしを取り戻すことと、それとはまったく別に動いた、インフラを中心とした復興とのズレがあったわけですが、その乖離がものすごく巨大化して日本の社会全体を覆っているような印象があります。

振り返ってみると昭和初期、一九三三年にあった昭和三陸地震津波のときも、翌年に内務大臣が「復興計画報告書」（内務大臣官房都市計画課）を出しています。インターネットで全文が見られます（http://tsunami.media.gunma-u.ac.jp/TSUNAMI/bunken.html）。ここにはすごく立派なことが書いてある。これに従っていたら、今回の被害はかなり小さくなったのではないか、とも思えるものです。にもかかわらず、今回の津波による被害は甚大なものだった（第二次世界大戦を間に挟んではいますが）。現在も当時と同様に、立派ないろいろな報告書が出ています。しかし報告書は出ても現場ではそうはなっていない。だから何十年か何百年後にまた津波に襲われることがあるようならば、これまで同様、みんな同じように流されてしまうのではないかというおそれを抱かされます。ということは、やはりわれわれが持っているシステムのなにかを変えない限り、震災後の政治と被災した人々との乖離はずっと繰り返されるのではないか。

最初に山本さんが、こういう状況を招いているのは経済の問題が大きく関わっているのではないか、とおっしゃいましたが、私もまったくそのとおりだと思います。大月さんのお話にもあったように、仮設住宅をたくさん建てることが、一種の公共事業のようなかたちになっている。震災後という非常時にもかかわらず、経済成長を求めることに無理矢理接続されていて、その発想のなかで閉じて進んでいる。だから仮設住宅を建ててメーカーの利益につなげようということにしかならない。

阪神・淡路大震災でも、復興委員会は「復興は単にもとの姿にもどることではありません」（同委員会報告）と述べたし、兵庫県は「単に震災前の状態に回復するのでなく、『創造的復興』を」と謳いました。今回の復興案にも、とくにエコノミストのものには同様の文言で経済成長策の一環として復興を位置づけようとするものが多くみられます。そんな路線で行くのなら、長田区と同様にゼネコンに一時的なカネが落ちるだけで、それが循環するように成長が実現しはしないことになってしまうのでしょう。

今日、ここにいらっしゃる専門性をもったパネリストの方たちそれぞれが、他の分野の方たちと協働し、さまざまな現場での実務をこなしておられるとお聞きしているわけですけれども、このなかに一部欠けている人たちがいる。それは私の同業者でもある経済学者の人たちです。経済学者と財界が持っている前提や、日本経済はかくあるべしという考え方は、今回の震災後であってもなにも変わっていないのではないか。つまり多くの被災者が出たという現実を前にしながら、成長路線という経済の論理はまったく被災していない。なにも変化を被っていない。このことが、問題の焦点となると思います。

さらに言うと、もともとの経済政策の考え方は、自民党政権とタイアップするかたちでずっと根付いてきたものです。ダムや道路に公共投資して景気浮揚させようとする、いわゆるケインズ主義と、それへの批判として登場した小泉構造改革です。大きな政府か小さな政府かという違いこそあれ、それらはともにコミュニティや人間関係について配慮を欠いたままで経済成長が可能と考えています。現在はその上に民主党の政治主導の考え方が覆い被さるようにしてある。政治主導というのは、行政は勝手なことするな、裁量はするなということですから、あらかじめ決められたルールに違反したらいっさい免責しない、余計なことを現場でやったら総理大臣がお灸をすえるよという話なんですね。ですから現場が萎縮してなにもできない。こういう非常時ですから、総理大臣が「俺がぜんぶ責任をとるから現場でどんどんやってくれ」と言えばいいのですが、しかし逆にそれをあえて言わない。このあたりでおかしなことになっているのではないかというのが、私の全体的な感想です。

後ほど経済学の内部ではどんなことが起きたのかというお話をさせていただきます。

官でも民でもない組織の力

†中間的な組織がカギ
†問われるNPO／NGOの力
†市民のなかから専門性をどう醸成するか
†復興の費用対効果
†ネットで可能になる柔軟な組織

藤村（龍）　さて、第一部のパネリストのみなさんのご意見を一通りうかがい、論点が見えてきました。三浦さん、いままでのみなさんのお話を受けてコメントをいただけますでしょうか。

三浦展　みなさんの考えがうまく循環するようなかたちで、ひとつのテーマが見えてきたと思います。

図4　震災からの復興と、日本が直面する課題を討議（第一部）。

次はみなさんに、震災後の東北、そして東京をどうするのか、をおうかがいしていこうと思いますが、その際には中村さんがおっしゃった中間組織が重要になるだろうと思います。いままでは、「官と民」「中央と地方」という二元論的な状態がずっと続いていた。東北地方は典型的な「地方」である福岡出身の大臣からすると知らなくてもいい（!?）とみなされてきた地域です。松原さんのお話にありましたが、「政治経済と被災地の生活の場」という対立軸が浮き彫りになってしまった。いままでのやり方ではなにもかもうまくいかない。みなさんのお話をお聞きして、「官と民」の中間的な存在に打開策があるのではないかと思いました。

「住宅にはひとつの家族が住む」という常識にこだわるとなかなか事態が進まないのだけれど、空いている部屋があるのだから、そこに住んでもらったら、もっと早くものごとが進んだかもしれない。あるいは住宅のなかには必ず風呂が必要だ、という戦後的な常識にこだわらなければ、たとえば銭湯を中心としたコミュニティが醸成しやすい仮設住宅ができるのではないか。大月さんがおっしゃったように——大正デモクラシーが背景にあったのだと思いますが——関東大震災後には商店や銭湯が仮設住宅とともにつくられたわけです。

戦時中からおかしくなった状態を引きずって今日まで続いており、そこに今回の震災のような二元論では解決できない事態に遭遇したのではないか。ですから、二元論的でない方法を探ることが、東北の復興と日本の再編、東京の抱える課題を解決するための重要なキーになってくると思います。

藤村（龍）　先ほどからみなさんのお話にでていますように、一九九五年の阪神・淡路大震災と比較すると、一六年の間に社会全体にさまざまな変化がありました。そういった環境の変化に、市民は柔軟に対応し活動を起こした。たとえば、ツイッターでの人々のつながりから起きるさまざまな試みと比べると、どうしても行政は立ち遅れている印象がある。「市民と行政」との関係や、「現場と政治」との関係をどのように考えればいいのか。その対立やコントラストを乗り超えるには、中間的な第三の組織が大きな可能性としてあるのではないか。中村さんに提示していただいたことは、山本さんが「地域社会圏モデル」という考え方で展開されていることでもあります。

中村さんに、3・11が明らかにした社会デザインの必要性をもう少し詳しく論点を掘り下げて、東北の復興のために考えるうることをお話しいただければと思います。

中村　三浦さん、藤村さんにまとめていただいたように、やはり中間的領域の議論をしたい。今回の震災は、現在の日本が平時に抱えていながら、見えにくかった社会的課題をあぶり出したのだと思います。このことは私の関わっているNPO、NGO分野にもつながると思っています。

まず、都市部に比べて先行したかたちで超高齢社会にあり、人口減少が進む地域が被災したということです。人口減少・超高齢社会という課題が目の前にあるなかでの復興の道筋は、当然、戦後復興とは大きく違うものとなるはずです。

第二に、社会のパラダイム転換が求められているなかでの震災でした。揺らぎ続ける戦後日本の経済社会の目標設定（経済成長、完全雇用、福祉国家的な「生活の質」の豊かさの追求など）、社会の現状と仕組みのミスマッチと社会的リスクの増大、人材というリソースがあるのに進まない人々の社会参加の保障・促進・実現、そして実務家・専門家の社会的責任の問題などを背景とする広範な転換の必要性が誰の目にも明らかになっていました。

第三には、「ほしいものがほしい」「このままではいけない気がする」といった秀逸なキャッチコピーに象徴される課題を深く抱え込んだ高度大衆消費社会の次に向かう社会的な方向性をどこに定めていくのか、というなかでの震災でした。

第四に、新しい貧困（社会的排除）を視野にとらえつつ、新たな豊かさや幸福を、教条としてのイデオロギーを超えて追求・追究しようとするなかでの震災でした。

最後に、企業にとっては、経済総体もさることながら個人一人ひとりにとっての企業の価値創造とそこから生まれる信頼が求められるなかでの震災だったということがあげられると思います。今年の株主総会の様子が様変わりし、「社会的存在としての企業」という考え方が注目され、株主の権利とのバランスが模索されたこと（『日本経済新聞』二〇一一年六月七日付記事）は象徴的でした。

自分の専門に引きつけて言えば、阪神・淡路大震災から3・11までの一五年あまりの間でNPO、NGOが目に見える社会になってきた。それが阪神・淡路大震災が起きたときとの大きな違いです。先ほど「ボランティア元年」という言葉には否定的だと言いました。なぜなら、以前から脈々と存在したものが、阪神・淡路大震災のときにボランティア活動や（NPO／NGOを含む）市民活動としての対応につながったからです。そのときに比べて、さらにさまざまな制度化が進み、実態が目に見えるようになってきた。災害救援の専門性から身近な相互扶助まで、非常に多様なニーズに対応できるようになってきたと思います。

ただ、そのうえで今回の震災に際しては、これまでNPOにあるとされてきた、あるいは私たちがあると言ってきた、NPOのもつ機能、役割――ネットワーク力、コーディネート力、コミュニティ形成力、仕組みをつくる力など――が、どのくらいのものなのかが、あらためて問われています。

もちろんNPOにもいくつかのタイプがあり、またNPO自体がもともと中間領域的な存在ですが、現場に入って課題解決を行なう現場型のNPOと、さらに中間支援型と呼ばれるNPOなどがある。複数ある違うタイプのNPOどうしの関係性をどうつくるのかが非常に焦点になってきています。裏を返せばそこに私たちは課題をもっているわけです。

NPO、NGOが現場で社会的、公共的な財やサービスの提供をやむにやまれず行ないながら、それと表裏一体となったアドボカシー（提案、提言をはじめ、キャンペーンや直接行動など広範な運動）をも推進していくことが大切です。現場性と革新性の両立は、この一五年あまりの中で、ともすれば社会的、公共的な財やサービスの提供に寄りすぎたために、政府、行政の下請けと呼ばれるような部分がでてきた現状を問い直すためにも重要な不可分の役割です。

また、先ほど三浦さんがふれてくださったように、NPO、NGOは、中央と地方という対立図式、あるいは政府行政や民間企業と市民社会との乖離、そして何より個人と社会をつなぐ新しい中間組織として機能していくことが、これからは大事だと思います。

現地のNPOはもちろんがんばっていますが、海外の難民支援や緊急人道援助をやっていたようなNGOが、震災をきっかけに国内に戻って、自分たちの行なってきたことを検証しながら被災地で活動しています。このあたりに新たな連結の基盤となる希望を見出したい。

また、一部ビジネスの手法を採り入れるかたちで社会的課題を解決していこうとする、コミュニティ・ビジネスやソーシャル・ビジネスなどの社会的企業（および担い手としての社会起業家）は、先にふれた経済のあり方をどうするのか、という今後のこととも絡めながら考えていかなければならないことです。

さらに、市民的な専門性をどう醸成していくのかが、引き続き課題となっています。いま被災地との関係でいくつか活動を進めていますが、そういった観点をもつことが現地のお役に立つことになると考えています。

藤村（龍） 社会的、公共的な財やサービスを提供することと、提案、提言をすること、NPO、NGOがもつこれら二つの機能のうち、近年は前者に寄りすぎていたのではないか、という自己批判的な視点が必要であり、今後はビジネスの手法を取り入れた活動や、あるいは市民的な専門性を醸成していくような活動が課題として浮かび上がってくるというお話でした。

その点、島原さんの活動は、中村さんの観点からしても批評的なあり方だと思います。島原さんは「仮り住まいの輪」を通してどのような提言をお持ちか、お考えをお聞かせいただけますでしょうか。

島原 まず第一に、復興ありきという考え方はどうなのかと。もちろん現地にボランティアに行くと、とにかくなんとかしなければと思う。もちろんそれはわかるのですが、今回、津波の被害が大きかった岩手、宮城の三陸の自治体の多くは、二〇二五年の人口が二〇〇五年との人口比で、軒並み六〇パーセントとなる地域ばかりなんですね。地域によっては五〇パーセント程度になるところもある。地域の再生、復興を目指し、インフラを完全に整備しようとすると、おそらく一〇年から一五年の時間が必要でしょう。それだけの年月が経つと被災地域の人口は、現在の半分になってしまっている。しかも、その年齢構成は六五歳以上が半分を占めるという状況ですから、地域住民の半分がリタイアするかどうかという世代になってしまう。超高齢化と人口減少が著しく進行する地域で、もう一度これまでと同じようなまちづくりをしていくことが、ほんとうに必要なのか。都市計画をたて、今度こそ何百年に一度の大災害に耐えうるまちをつくろう、と考えるのは一方では理解できるのですが、そもそも何百年後かには、まちがなくなっているかもしれないわけです。そういう状況にあって、どれだけお金をかけられるのか。こういう言い方をするとドライに聞こえたり、場合によっては不謹慎に聞こえるかもしれませんが、復興の費用対効果を冷静に考える必要と、そのための時間稼ぎの必要があるでしょう。

それからもうひとつ、実際に復興していくときに、トップダウン式にやろうとしてもなかなかうまくいかない面があると思うんですね。このシンポジウムの第二部に参加される山崎亮さんがやっておられるような、住民同士の対話を通して合意形成していく方法が今後とられていくだろうと考えています。そこでは「中間的な領域」というものがますます重要になってくるはずです。そういう意味では、われわれがやってきた「仮り住まいの輪」にもいろいろと力になれる部分があると思っています。

しかし「中間的な領域」と言いますと、これまでのイメージでは、公と私、あるいは官と民の中間として、NPOやNGOのような団体が想定されると思うのですけれど、われわれの意識として「仮り住まいの輪」は団体というものですらない。もちろん法人組織でもない。あえて言うなら活動体というのでしょうか。会議のやり方ひとつとっても、数人のコアメンバーを除いて毎回違うメンバーが集まったり、ツイッターやメールで次のミーティングのテーマを呼びかけて、集まってきた人たちでミーティングをやったりする。活動フェイズにあわせて、異なる専門性を持ったメンバーや他団体が適宜参加する、役割が終わったらフェードアウトするという非常に流動的な組織です。状況に応じた役割分担はあっても固定された役職はなく、確たるリーダーもいません。運営資金はJustGiving（ジャスト・ギビング）というインターネットを使った寄付のシステムを利用して、主にツイッターで活動を知って賛同してくれた不特定多数から集めています。

それでサイトをどのように運営しているのかというと、われわれ「仮り住まいの輪」の実行委員会がすべてマネージメントをやり、入居可能な住宅を集めて、それを斡旋して……というようにやっているわけではないんです。われわれはプラットフォームを作り、「ここにこういうシステムがありますよ」と広報するだけで、マッチングは貸し手と借り手のそれぞれが自らやっている。もう少し具体的に仕組みを説明しますと、まず趣旨に賛同してくれる住宅オーナーがサイトに自分で物件の登録をします。で、被災者の方、または被災者の親族の方などの支援者がサイトで物件を探す。希望の物件が見つかれば、物件提供者と直接コミュニケーションをとって当事者同士で契約をしていただきます。もちろん不動産の貸し借りにはさまざまなリスクがありますので、双方のリスクを下げるために、貸し手用と借り手用の二種類の利用マニュアルやガイドライン、契約書の雛形などは用意していますが、基本的には善意と性善説にのっとり当事者同士で合意していただくことにしています。Airbnb（エアビーアンドビー）や Couch Surfing（カウチサーフィン）といった海外のサイトをモデルとしてイメージしました。そこでは「夏休みのあいだ旅行で家を空けるから三週間だけ貸したい」といったような、アパートなのか宿なのかも区別がつかないような物件がたくさん集められて、当事者同士が空間をシェアする感覚で旅行者の寝床の貸し借りをしあっている。

　ですからわれわれの特徴は、組織としても提供している仕組みとしても、中間領域としての確たる枠組みがないことかもしれません。活動自体をメディアとして開き、あくまで賛同してくれる当事者の主体性に委ねてしまう。そのほうが状況の変化や個々のニーズに柔軟に対応できると思っています。「仮り住まいの輪」の運営方法や貸し借りのシステムと、今後一〇年、一五年というスパンで東北の街を復興していくときのやり方は、いろいろ重なる部分もあるのではないかと考えています。

藤村（龍） 人口問題について、今年（二〇一一年）の二月二一日に国土交通省から「国土の長期展望　中間とりまとめ」という資料が公表されました。それによると、二〇五〇年には日本の総人口が三三〇〇万人減少する。二〇〇四年をピークにして、今後一〇〇年間で一〇〇年前の水準に戻っていく可能性があると指摘されています。人口減少と少子高齢化は、さまざまな領域で今後議論されていくイシューのひとつかと思います。

「消費者」ではなくて「生活者」

†資産世界一でも、被災者に融資すらできない

†スクラップ・アンド・ビルドの経済学

†構造改革・成長主義の正体
†「つながり」を重視する価値観へ

藤村（龍）　ここで先ほど国政の貧困を厳しく指摘されました松原さんに、今後の行政のあり方、あるいは社会デザインについてお聞きしたいと思います。

松原　みなさんのお話を聞いていて納得するところが多いのですが、ただ一方で、冒頭で山本さんがおっしゃったような成長主義というところで話が滞ってしまうんじゃないかという懸念もあるんですね。日本の高度成長期から残っている発想ですが、最近では生産性の成長そのものが自己目的化していて、逆に成長を押しとどめる結果になっています。

高度成長期にどういうことが起こったかというと、一方ではみんな一生懸命働いてモノをつくるわけですが、もう一方で経済が成長するために、つくったモノを買ってもらわないといけない。つまり、急速な発展のエンジンとして、つくることだけではなくて需要することも織り込まれていた。高度成長期において、それは民間の投資、なかでも設備投資が旺盛でした。また、住宅に関しては高度成長期に相当する一九五〇～七〇年頃まで、公営住宅が提供されていきました。工業化が進み、地方の次男坊や三男坊が東京に出てきて就職し、そこで新しい家庭をつくる。家族が細胞分裂をするように増えていきました。

それが基本的なモデルだったのですが、民間の設備投資はそのうち頭打ちになり、需要が足りなくなってしまった。その不足分を補完するようにして、人々は公営住宅から出て、郊外に住宅を買うことを夢に持つようになる。これらが需要となり、民間の投資で経済が発展していく。ふつう民間の投資というと設備投資のことを指すのですが、高度成長期から後に民間投資を維持するには、住宅も大きな働きを果たしました。

けれども設備投資が停滞したため、政府は公共部門で需要を埋めようとしました。福祉社会のはじまりということもありました。そういう戦略で七〇～八〇年代前半までやってきたのですが、福祉主義では財政的にかなり厳しく赤字になってしまうので、八〇年代後半になると慢性的に内需が不足し、今度は外国に活路を求めるようになります。つまり日本経済は輸出に牽引されていくようになった。自動車産業を中心に、国内で買ってもらえなかった部分を外国に買ってもらおうというわけです。この一〇年間くらいの日本経済を形づくってきたのは、この八〇年代後半の成功体験だったと思います。構造改革と言われたものは市場主義と捉えられていますが、その実態は自動車に代表される輸出物を外国に「買ってもらう」という政策です。

じつは構造改革にはもうひとつの側面がある。それは一見、構造改革と対立するものと思われていますが、金融緩和です。日本銀行がお金をたくさん刷ったらデフレから脱するから景気もよくなるんだと主張している人たちがいますが、これは構造改革と理論の上では対立しているかに見えて、現実の政策としては手を結んでいるところがある。どういうことかというと、金融緩和政策の柱として低金利政策があるのですが、逆にアメリカは二年くらい前までかなりの高金利だった。政策金利が六パーセントくらいあった。そのため、日本で金融緩和したぶんのお金で、アメリカの資産がどんどん買われていった。サブプライム危機というのが二〇〇八年にありましたが、日本から流れ込んだ資金で住宅が買われ、アメリカの住宅市場がバブルになって、一年後にはリーマン・ショックが起きてしまったのです。ではなぜ日本がアメリカの資産をそこまで買わなければならなかったのかというと、そうしないと円高になってしまうからです。つまり、自動車メーカーが輸出して得たドルで円を買ったら円高になってしまうので、そうなるとメーカーは輸出できなくなり自分の首を絞めてしまう。ですから、低金利政策でアメリカの資産を買わせ、円安にしようとした。

日本がこの一〇年間やってきた経済政策は、一方ではリストラ、一方では金融緩和だった。そこには大企業が輸出をして儲けるという大前提がある。そして儲けたお金で、外国の金融資産を買うということが起こった。これは財務省が今年の五月に発表したことですが、日本政府や国内の企業、個人が海外に対して持つ資産から負債を引いた対外純資産の残高が二五一兆円に達した。これは世界第一位です。この二〇年間ずっと世界一位だったのですが、その数字が小泉構造改革以降どんどん伸びている。日本が大きな危機に見舞われた3・11以降になってもなお、そうしたデータが出てくるわけですね。日本国内では債務が酷いと言っている一方で、外国にはずいぶんお金を持っている。しかしこのお金は、先ほど言いましたように使えない。使ったら円高になってしまうし、円高になることは財界が必死で阻止するからです。世界一の資産持ちでありながら被災者に融資すらできないような奇妙なことが起こっている。いまはアメリカも金利を下げていますから、二〇一〇年の夏から急激な円高が進んだ。米国債への投資の魅力が薄れたので、資金の一部が日本に戻ったのでしょう。それはそれで結構なはずですが、輸出産業は死活問題だと大騒ぎしています。返ってこない資金は、今度は金利が高いインドやブラジルの債券や株を買ったりして、国内では依然として失業率が高いままです。その一方、累積債務があり政府の規模はどんどん小さくなっている。すなわち、対外純資産を積み上げるか、もしくは円に換金すれば輸出ができなくなっている。これがいま起こっていることの実態だと思います。

こういうことは、結局は経済成長を求めるやり方、つまりモノをたくさんつくって供給過多にするやり方の延長線上にある政策だと思うんですね。外国の金融資産を買っていくと金利分だけ所得となって見かけ上はＧＤＰが大きくなる。でも米国債やインドの債券を持っていても日本円には替えられない。つまり使えないお金ですから、誰も幸せになっていない。これがこの一〇年間の帰結だったわけです。そこに今回の震災が起こったと。

もともとこうした経済政策をとってきた背景には、消費はプライベートに行なわれるという考え方がある。個人としてモノをどんどん消費しましょう。自分の家を持って、そして、スクラップ・アンド・ビルドしましょうと。少なくとも経済学の発想はそうなっている。モノとしての商品が売買されるところまでで終わっていて、それをどう使うかには話が及ばない。これは生産にばかり目が向かっているせいではないかと思います。

住宅でも同じようなことが起こっています。供給する能力はふんだんにあるのだけれど、国内で需要が足りず、空き家になっている。個室のアパートなんかは相当に余っている。だから売買で内需を増やすことが重要なのは確かなんだけれども、景気をよくするというところまでで話が終わってしまう。また需要され人が住んでいる家にしても、長く住まれると困ると言うかのように耐用年数が短くなっており、どんどんスクラップにして建て替えることが促されている。これは国土交通省も公に認めていることで、マンションなど二七～二八年を一サイクルと考え、耐用年限がきてしまう。それなのに、私などはいわゆる「みなし公務員」ですので、三五年のローンが組めてしまうのです。三五年でローンを組んでも二八年で家やマンションを壊してしまうので、前の住宅のローンがまだ残っているうちに、次のローンを組まなくてはいけない。「二重ローン」が常態化しているわけで、酷い話ですよね。今回の東日本大震災でも家屋を流された被災者は二重ローンに苦しんでいますが、そもそも自然災害の多発する国で、何十年ものローンを組むことが国民にとって幸せといえるでしょうか。一回の被災で、人生設計が大幅に狂ってしまうのですから。

これが需要を無理やり喚起するための政策が行きついた結果で、それでも内需が足りないから外国に買ってもらう。外国に買ってもらうためには値段を下げないと競争力をなくしてしまうのでコストを下げる。コストを下げるためにはリストラをしなくてはいけない。ということで、リストラが国策になってしまったわけですね。これがいわゆる構造改革、昨今の成長主義の正体で、いまなお輸出できなくなると日本経済は崩壊する、という脅しのキャンペーンを大企業やマスコミが張っています。

しかしそのあいだ、国民の一人ひとりには、生活を営む上で、そういった経済学者の机の上の理論とはかなりかけ離れた心情が芽生えている。「一住宅＝一家族」モデルに疑問が突きつけられているのも、その顕著な表れだと思います。経済学では消費は個人ないし家族単位で行なわれるという想定になっており、それは個人主義が理想と思われたことの反映でもあろうかと思います。

子供の家族と別居した老夫婦が死に別れ、最後には遺されたほうが孤独死してしまうという現象が報道されていますが、それは究極のプライバシー、「一住宅＝一家族」モデルの結末なんだと思います。けれども一方で、そういうものは嫌だという人もいるわけですね。プライバシーがなくなるのは嫌だけれど、かといって孤独にも耐えられないと。その中間くらいの領域で生活したいというのが最近の流れのようで、三浦さんがこのところ紹介しているシェアハウスのブームや島原さんの活動などが注目されたりしているわけですね。ボランティア活動をしたがる若者が多いという状況も、こうした中間領域を求める動きとして考えられる。これは、たんなる集団主義や大家族主義というのとも違う。いったん個室は確保したうえで、余裕をもって他人とのつながりを重視しようという価値観です。こういう流れは、もともと経済政策のなかでは想定されてこなかった心情だと思うんです。高度大衆消費社会が一九八〇年代に飽和を迎え、個人として消費するのはつまらなくなり、他人とのつながりのなかで消費を楽しみたいというように、新しい消費の局面として現れていた。住宅をたんなる消費財として持ったり使い尽くしたりするだけでなく、いかに使うのかを考えるようになってきた。にもかかわらず、まったく別の経済政策がずっととられてきたのです。

いかにしてお金を使うのか？　スクラップ・アンド・ビルドがほんとうに有効なのか。

住宅の中身はいままで通りでいいのか。使うお金を東北に還流させながら、新しい住宅をつくっていくにはどうすればよいのか。そういうふうに話をつなげていかなければならないのだと思います。リノベーションや記憶をつなげるようなまち並みや住宅をつくっていくことが、本来あるべき方向なのではないかと考えています。

山本　松原さんのお話は冒頭での話を非常にわかりやすく説明していただいたように思います。すべてが経済的な利潤に還元されるのか、というとそうではないと思います。「経済学者と財界が持っている前提や、日本経済はかくあるべしという考え方は、今回の震災後であってもなにも変わっていないのではないか」と指摘されましたが、まったくその通りだと思います。生産する側とそれを消費する側という、二つの側面で考えるという考え方がもはや破綻しているのではないか。私は経済学は素人ですが、私たちの日常は生産と消費という二分法に必ずしも則っているわけではないと思います。「消費者」という言葉を誰が発明したのか知りませんが、その言葉が生産と消費の関係をよく表しているようにも思います。つまり、私たちが「消費者」として扱われてきたという点です。よく「消費者の利益を守ろう」とか「消費者の権利を守ろう」というようなことが言われますよね。でも、はたして「消費者」と呼んでいいのか。私たちの日常が消費者としてあるかというと、私はちょっと違うような気がしています。「消費者」ではなくて「生活者」だと思うんです。必ずしも常に消費と結びついてない、そういう視点が欠けていたような気がするんですね。

それは住宅でも同じで、「一住宅＝一家族」モデルの住宅というのは、松原さんが言われたように、スクラップ・アンド・ビルドを見込んでいる。供給者側にとっては非常に都合のよい物件だったわけです。そうした構図のなかではその住宅に住む人たちは「消費者」として扱われる。経済成長を前提とした社会においては最適な商品だった。あるいは、標準化された家族という単位を収容しその標準化を洗脳するには最適な商品だった。でも、いまや東京都内の一家族あたりの構成人数は二人しかいないわけです。その二人に対して「一住宅＝一家族」モデルを供給することは、もう有効ではないと思うんですね。

一方、「一住宅＝一家族」モデルを前提とする限り、中村さんや島原さんが言われるところの「中間的な集団」をつくることができません。隔離施設のようなつくられ方ですから、その外側と相互に関わっていくような関係は生まれてこない。しかも、われわれはそういった考え方を徹底的に教育され、刷り込まれているので、もはや「中間的な集団」をつくっていくような頭脳にはなっていない。二〇世紀の経済成長主義に冒されてしまっているわけですね。

他人と共感できるコミュニティ

†「助け合って住む」ための住宅
†「共的な主体性」をつくれるか
†「生」に関する三つの局面
†高齢者の「生活の維持」は「生命の確保」
†介護する人たちの生活の維持

山本　では、「一住宅＝一家族」の住宅がもはや有効ではないとしたら、われわれは今後どういう住宅を供給できるのか。そのときに考えられると思うのが、最初にもちょっと触れたように「助け合って住む」ことだと思うんです。「一住宅＝一家族」の住宅からは「助け合う」という思考法が出てこないんですね。ですから「助け合って住む」という住み方には強い抵抗があります。プライバシーがなくなってしまうんじゃないか、余計なお世話なんじゃないかと感じてしまう。そういう意味では、供給者側よりも、むしろ住み手のほうがアレルギーを持ってしまっている気がするんですね。もうすでにプライバシーがどうしたと言ってはいられないような生活、誰かに助けてもらわないと生きていけないような生活をしているにもかかわらず、われわれの身体化した感覚が「助け合う」ことを拒否している。内面化された「一住宅＝一家族」主義が私たち自身を他者から隔離しているのだと思います。

松原　私は先ほど日本経済は供給をいかに生産的にするかに偏っていて需要が追いついていないと言いましたが、需要に関する価値観は、「一住宅＝一家族」や個室を持つことをもって幸せとみなすということで、ひとまず一九八〇年代頃には達成されたのだと思います。それ以降も政府という意味での「公」がすることをできる限り小さくしようとする「小さな政府」が、民主党に政権交代して以降も求められています。それに沿うようにして、会社や地域、家族における人間関係も希薄になっていきました。長期雇用が解体されたり、商店街がシャッター通りになったり核家族化したりといったことです。それはたしかにモノづくり、生産という意味での効率性を高めるには必要なことだったでしょう。しかし内需が不足している、つまりモノをつくって得たカネをそれだけ使っていないということは、住宅や消費財について、個人で使うには限界があるということではないでしょうか。

私見ですが、それには「不確実性」ないし社会学でいう「リスクの高まり」が関係していると思います。世界的な金融ショックに端を発したリストラのリスク、感染症のリスク、大震災のリスク。今回はそれに原発事故のリスクも重なっています。これらは、個人が自己責任で回避できるものではありません。手の届かないアメリカのバブル崩壊や感染症の進化、難しくて安全性を判断できない原子力技術などは、個人では判定しがたい新しいリスクです。それなのに政府は小さくなって行政サービスや公共事業が縮小され、会社や地域、家族もリスクから護る力をなくしている。とすれば、日本人が欲しいものといえば、失業したり病気になったり避難生活を余儀なくされたりするといった不安を解消することではないでしょうか。震災に関していえば、二度と被災しない、もしくは被災しても二重ローンにならなくてすむような住まいが求められるのだと思います。それには、個人が個々の空間を確保しながらも共有する部分を持ったり、土地については公有で使用権だけを私有するといったコミュニティと私的な住居とを折衷したような新たな空間を創造することが必要になるんじゃないか。アダム・スミスは個人主義・市場主義の権化のように言われますが、一方では「共感」の重要性も強調している。個々人の暮らしを大切にしながら、他人に共感するといった意味でコミュニティを捉えようということかと思います。東日本大震災からの復興が、その契機になればよいのですが。

中村　先日、大学の同僚である哲学者の内山節さんがおもしろいことを言われていました。かつての農村の空間は誰もデザインしていないにもかかわらず、極めてデザイン力の高い景観が成り立っていた。それは地域の風土が育んだ関係性が、デザインをしているからだというわけです。それを聞いて私は、NPO、NGOの活動が次に向かうべき方向だと思ったんですね。どういうことかと言うと、「一住宅＝一家族」の住居は、個の主体性やプライバシーに重きをおいてきた。もちろんそこには歴史的な経緯があったと思うのですが、NPO、NGOという新しい「中間組織」が見えるようになってきたこの一五年を経て、ようやく私たちは「公」でも「私」でもない「共」的（共同的・協同的・協働的）な主体性（関係性のなかで形づくられる個）とでもいうべきものを、どのように暮らしの営みのなかに形成できるかという課題に立ち至っているのではないかと感じています。

藤村（龍）　これまでの「新しい消費」「中間的な集団」「共的な主体性」といったコンセプトと並行して、あるいは時にその問題が先鋭化するものとして、高齢者問題が考えられると思います。高齢者の被災がどういうものだったのか、再び藤村さんにお話をうかがいたいと思います。

藤村（正） 高齢者を含めてということになりますが、今回の東日本大震災を経験いたしまして、あらためて人間の「生」を「生命」「生活」「生涯」という三つの視点で考える必要性について感じています。三年前に、『〈生〉の社会学』（東京大学出版会）という本を出させていただいて、そのなかでも言っていることなのですが、人間の「生」という、それ自体とらえどころのないものを、哲学的でなく社会学的に焦点をあてるとすると、「生命」「生活」「生涯」に区分できるのではないかと。英語で言うと「生命」も「生活」も「生涯」もすべて「life」なのですが、それら三つのまとまりとして「生」というものを考えていってはどうだろうかと。

今回の大震災でも、真っ先に問題となったのは「生命」でした。津波によって、その日の朝、その日の昼まで、普通に生きていた人たちの「生命」が一瞬のうちに奪われていった。しかも、その津波に関しては、濁流に飲み込まれてわずか数センチだけ手を建物にかけて生き残ったり、あるいは追いかけてくる津波から数秒の差で屋上や高台に逃げ切るなどで人の生き死にが決まったところがある。生死を分ける瞬間がどの人々にもあったかと思います。三陸地方には、津波に遭った場合は家族全員で助かることは難しいかもしれないので、共倒れを防ぐため、逃げられるときにはそれぞれ「てんでんばらばらでも逃げろ」という「津波てんでんこ」という言い伝えがあると聞きました。災害で生死のかかった瞬間は、どの人にもその瞬間が襲っているのであり、必ずしも誰かが助けてくれるわけではない。瞬間・瞬間、自分で自分の生命を守らなければならないということが、今回の津波でよりいっそう明らかになったのだと思います。災害のその瞬間に限れば、行政の救援では間に合わない。

二番目の「生活」をめぐっては、被災地の再建に関して新しい方法が必要な一方、地元で長らく生活をされてきた方々の体に染みこんだ、文化や習慣との調整をどう図っていくのかが課題になっていくでしょう。震災前も震災後も、その地で生きておられる方の生活は続いていますので、生活の継続性という視点が重要になるかと思います。ある意味で合理的で理想を含んだ復興プランが提示されるでしょうが、それが地元の人に受け入れられるかどうか。たとえば、住居の高台移転などがそうですが。双方の意見を聞く立場で、中間に入る県や市町村の果たす役割が大きいことになりましょうか。

三番目の「生涯」については、ご自身が生き死にに関わる経験をされた方が大勢いらっしゃるわけであり、大切な人が理不尽なかたちで亡くなられた経験を持つ方が多数おられる。この記憶を経験者は一生かかえて生きなければならない。長期的な意味での心のケアが大切になってくるかと思います。心のケアという言い方には、心だけ取り出してケアが可能であるかのような錯覚的な要素もあるので、注意が必要だと私は思っていますが。また同時に、過去の津波経験が何らかのかたちで伝えられてきており、それが避難する際に有効だったという人々、地域があったと聞いています。今回の経験を後世に向けて文書や映像、語りでしっかり伝承していくことも世代的に重要になってくるかと思います。

これらの点を高齢期の方の被災という部分に限って見てみるとどういうことが言えるか。阪神・淡路大震災のときも、亡くなられた方の五〇パーセントが高齢者だったという数字が出ています。今回の震災の場合、いまだに正確な死亡者、行方不明者の数がわからないところでもありますが、いまの段階では死亡者の六〇パーセント強が高齢者ということのようです。これは今回の被災地域に高齢者が多かったということも言える。同時に、津波から逃げ遅れたり、老朽化した家屋の下敷きになって自力で脱出できなかったり、音的にもネットワーク的にも情報が届きにくく避難が遅れたという側面があったのではないか。加えて、そういった高齢者を救助する若年世代が少なかったという点も指摘できるかと思います。まずは、生命が守れない。

高齢期の方にとってとりわけ重要だと思われるのは、今回の震災で命からがら助かったけれど、では日常の生活をどうやって維持していくのかという問題です。高齢者にとっては、生活の維持と生命の確保が、そのまま直結している場合が多い。一難去ってまた一難。津波での瞬時・瞬時の生命の危機をのりこえたとしても、生活のなかに生命の危険が潜在している。災害そのもので亡くなられる場合も多いですが、病院への搬送中に亡くなられたり、災害関連死と呼ばれるような、避難先でのさまざまな事情、劣悪な衛生環境や寒さ、食料不足などによって亡くなられる方も少なくない。避難環境のなかの緊張でストレスを抱えたり運動不足になったりして、健康を損なってしまうケースも多く見られます。避難生活自体が生活上の、ひいては生命上のリスクになってしまう。トイレが心配だから、水分補給をしないで脱水症状になったり、学校の階段や段差にころんだり。生活の困難が即生命の困難となっていく。被災地ではないですが、震災被害の連動で回りまわっての節電の影響が、公共機関でのエスカレーターの停止や暗い照明の下での表示の見づらさにいたるなど、都市部の高齢者や障害者にとって安全が奪われる可能性にもなる。

同時に、津波によって介護施設や在宅の事業者そのものが大きく破損したり流されてしまったため、福祉サービスを受けられない状態に陥っている。生活の激変を避けて、家に居続けたい高齢単身者や夫婦ものも多くいます。なぜなら、物資がなくても避難所より自宅のほうが不安はないから。でも、ヘルパーさんたちや介護事業所も被災しているから自宅に来てもらえないこともある。一方で、各老人ホームなどは、ただでさえ満員のところ、被災施設の入所者をひきうけざるをえず、いっそうの定員超過をきたしたり、なかには避難所として一般市民が身を寄せている例もある。被災した老人ホームでは、受け入れ可能先を探して各地をホーム丸ごと集団で転々とされている場合もある。これらの場合、施設移動をよぎなくされる高齢者の方だけでなく介護をする方も、自分の住まいを離れなければならないということが起こっている。これだけの災害になってしまうと、介護をされる側だけでなく、介護をする側の生活もどうやって維持できるのか容易ではないということも、今回の震災を通して浮き彫りになってきたことだと感じています。

最後に、避難生活を乗り越えて仮設住宅に入っても、高齢者は仮設生活が長期化しやすい。なぜなら、所得が多くなく、年齢的にも銀行ローンが組めないという制度的制約から、住宅の面で復興に乗り遅れていくということですね。これなどは、「一住宅＝一家族」が生涯をかけたものだけど、その生涯が時間的に限られているとどうなるんだという論点ともつながっていくでしょうか。

藤村（龍） 被災地の災害関連死や生活不活発病などの問題は、今後ますます、都市問題を考えるうえでも避けて通れない課題になってくると思います。

復興までをどうやって暮らすか

†被災者に大切な「見通し」
†コミュニティとプライバシー
†なにかあったとき、どこに住むか
†行政も気づきはじめた「創意工夫」の大切さ

藤村（龍） これまでの流れをふまえて、二番目の共通質問「今後に備えてなにをなすべきか」について、議論を展開していきたいと思います。東京の今後、さらに日本の今後に向けて、課題と対策を議論し、第一部のまとめに入っていきたいと思います。

先ほど大月さんは「事前復興」という考え方から、災害に備えあらかじめ対策に取り組んでおくことが被害を低減することになると指摘されました。今後の復興はどういうプロセスで行なっていくべきか、お聞かせいただけないでしょうか。

大月 まず復興という概念に関して考えてみたいと思います。関東大震災では大正一二

（一九二三）年に震災が起こって、その後、昭和五（一九三〇）年に復興をなし遂げたとして復興祭を行なっている。ですから、単純に考えても復興までに七年かかっているわけです。また、第二次世界大戦の戦災復興にしても、復興土地区画整理事業を何十年もかけてやっている。なかには「マッカーサー道路」（虎ノ門から東京湾までを貫く計画道路など、敗戦直後都市計画決定された道路の通称）のように、いまだに工事をやっているところもある。ですから、どこまでを復興と定義すべきなのか議論しないといけない。よくテレビなどで復興計画が示されないとなにもできないと言っていますが、復興計画がスタートするまでの期間はどうしたらよいかについてはまだ、誰も指し示してくれていないような気がします。結局、被災地の人々の暮らしにとって何が大事なのかというと、「見通し」だと思うんですね。来月は、半年後は、一年後には、自分はどこで何をしているのか。そうした意味での見通しを得ることが非常に重要になってくる。では、復興計画が本格化するまでの「仮設期」の見通しを誰がどう立てるのか。とにかく仮設住宅は必要な戸数建てたんだから、復興計画が決定するまでは、そこで我慢して暮らしなさいと言わんばかりの現状の施策では不十分です。

そうした状況から考えると、斜面地に建っている、バリアフリーでない、住宅しかない、閉じこもりになってしまいそう、といった諸問題が、すでに表面化しつつある仮設住宅群を今後どのように使っていくのかという、使い方の知恵、あるいはそれをバージョン・アップ（改善）させるための知恵が望まれていると思います。山本さんのご指摘にしたがって言えば、仮設住宅を考えるうえでも「一住宅＝一家族」を飛び越えた利用の仕方を考えることが求められていると思います。戸数は満足したのかもしれないけど、そこで展開する生活の質は満足していないわけだから、ある意味で、仮設住宅の環境形成はまだまだこれからだともいえます。

さて、今回の震災でわれわれが東大の高齢社会総合研究機構として提案・実現した釜石市の平田総合公園の仮設住宅の計画は、東側にケアゾーン、西側に一般ゾーンを設けています（図5）。ケアゾーンのなかには、子育てゾーンというのも入れて、それぞれのゾーンをつなぐ真ん中の部分に、サポートセンターという集会所兼ケア施設の機能を持つ建物を配置し、あわせて、地元で被災した商店、事業所、スーパーが営業できる仮設店舗も配置します。こうすることによって、仮設住宅地に医職の機能を追加したわけです。

一般ゾーンは「コミュニティが嫌いな人」が使用します。山本さんのご指摘にもありましたが、コミュニティの「コ」の字を聞くだけで虫酸が走るというような人は、実際にたくさんいらっしゃるんです（笑）。ある有名な建築家としゃべった際に「コミュニティは大事ですよね」と私が言ったら、「コミュニティみたいな恥ずかしい言葉を使うな」と怒

図5　釜石市平田総合公園の仮設住宅

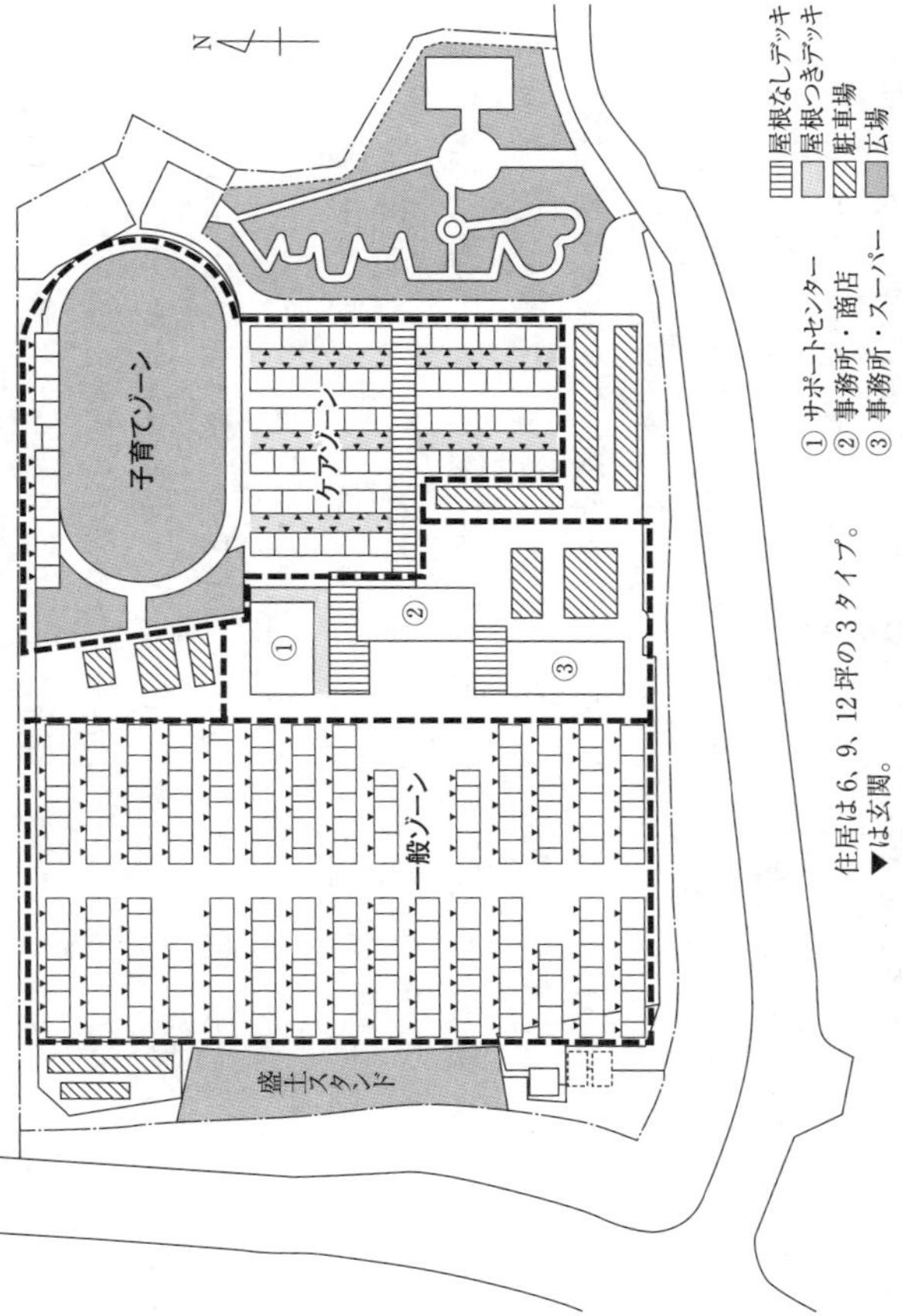

住居は6、9、12坪の3タイプ。
▼は玄関。

られたことがあります。それくらいコミュニティに対して嫌悪感を示す人もいる。ですから、われわれは西側半分を「コミュニティが嫌いな人」つまり、コミュニティよりもプライバシーの方が重要だと思っている人が生活しやすいように、従来型のままにしようと提案したわけです。実際には、全体で二四〇戸もある仮設住宅のすべてを、ケアゾーンにしてしまうのは原理主義・教条主義に過ぎるし、あまり過激な提案だと県に認めてもらえないだろうといった、多少遠慮した側面もありました。

もうひとつはケアゾーンと呼ばれるエリアです。高齢者や子供はケアを受けることが必要なので、東側に、住戸を向かい合わせとして、住戸前の路地をデッキ空間とし、その上に屋根を付けたゾーンを提案しました。被災地には七、八人で暮らしている大家族も多いのですが、それを六坪、九坪、一二坪の三タイプだけで対処しようとしているわけです。また、住戸規模の構成にも配慮しました。六坪も一戸、一二坪も一戸として扱ってしまうのはおかしい。大家族であれば、お爺さんとお婆さんはケアゾーンに行ってもらって、若い人はそこに近い一般ゾーンに入ってもらうとか、女房と婆ちゃんは必ず喧嘩をするからちょっと離れたほうがいいとか、そういうことを普通のこととして受け入れられるような住宅地形成をすべきだと考えたのです。

また、仮設住宅は入居をしてもすぐにどこかへ移る家族が多いので、今後たくさんの空き家が出てくるはずですが、それをどういう知恵をめぐらせ、いかに使っていくかも重要なテーマです。空き家を商業のための空間、モノを生産するための空間、ボランティアのための空間などに開放していく提案も必要でしょう。今後は被災地に限らず、高齢化や人口減少によって日本のほかの地域でも膨大な空き家や空き地が出てくると思いますが、仮設住宅の問題はそういったこととパラレルに考えるべき課題だと思っています。そういう意味で、震災復興をどういうグランドデザインでやっていくかという点も重要ですが、復興までの数年間の「仮設期間」での生活の「道筋」をどうやって示していくのかが、いま問われているのだと思っています。

もし仮に東京で同じようなことが起こったときにどうなるかを考えるとすると、被災者はおおまかに二種類の人たちに分かれるのではないか。ひとつは、俺はここを離れたくないぞという下町の人々、田園調布の人たちもそうかもしれない。地付きと呼ばれる人たちですね。いま住んでいる場所からは動かない、動きたくないという人も多いかと思います。もうひとつは僕たちのような都市の浮遊民と呼ばれるような人たちです。

震災が起きたときに自分の住んでいる街の今後に対してどう思うのか。いま住む地域や街にしがみついてでも生活し続けたいと思うのか。そう思える空間なのか街なのか。自分のアイデンティティと地域のアイデンティティが、どういう関係にあるのかがつきつけられることになると思います。そのとき、地付きで頑張ろうとする人と、どこに住んでもいいのだから早く復興してよという人がクリアに分かれるような気がします。それは政治に反映するはずです。その二者間の政治的な綱引きがどうなるのか、じつは非常に心配なところです。

それについての具体的な解決策は持ち合わせていませんが、少なくとも被災してから復興するまでの「仮設期間」を、自分がどこでどのように過ごすのかをそれぞれが考えておくべきではないかと思います。東京でもさまざまな地域でまちづくりが行なわれていますが、その際、なんとなくまちづくりを考えるのではなく、自分は何かあったときにその地域に残るのか、一人ひとりが考えていく機会を提供していくことが重要だと考えています。

山本　大月さんのおっしゃるように、仮設住宅にどう住んだらいいのかということは非常に重要です。仮設といっても、阪神・淡路のときでも、三年間、長い人で五年間も仮設住宅に住んでいた。もはや仮住まいとは言えないと思います。今回は阪神・淡路よりももっと過酷です。冬はもっと寒くなるし、復興住宅を着工するまでにはるかに長い時間がかかると思います。兵庫県警察本部の発表では、仮設住宅で孤独死された方々が二三三人もいらしたそうです。仮設住宅に住む人たちを孤立させないような配慮が極めて重要だと思います。大月さんたちが提案された平田地区を実際に拝見しました。ケアゾーンは各住戸が向かいあって配置されていて、その向かいあった場所に木デッキが張られていて、その上にはポリカーボネイトの屋根が架けられている。すぐ近くにはケア施設や商業施設が用意されていて、素晴らしいと思いました。私たちも、住宅の配置がずっと気になっていました。南面配置、北側アクセスという、従来の集合住宅の計画がそのまま反映される住棟配置こそ問題なのだと思います。もはや、あまりにもあたり前の配置計画なので、それが問題であるとすら私たちは思っていませんが、こうした配置計画は各住戸のプライバシーを過剰に尊重した計画です。つまり、「一住宅＝一家族」を前提にした配置計画です。でも、この仮設住宅に住む人たちは高齢者もいるだろうし、家族を亡くされた人もいらっしゃる。一人住まいの方もいる。必ずしも両親と子供という標準的な家族ばかりではないと思います。そういう人たちにプライバシーだけをことさらに尊重した密室のような住宅を供給するというのは間違っていると思います。そこで大月さんが一般ゾーンと言われたエリアの住宅の向きを、変えてもらったんです。もともとはすべて北側が入り口で南側採光になっていました。できるだけ家のなかを覗き込まれないような、プライバシーを重視した配置です。そして南に面した窓が小さいんですね。なぜかというと南側が寝室になっていますから、すなわち寝室側が、向かい側の家に住む人たちのアクセスする道に面しているんです。プライバシーを気にすると窓を大きくできない。南側の窓なのにずっとカーテンを閉め切るような状況になってしまう。一般の公団住宅の配置と同じですね。ですから、すべて同じ南向きになっている住宅の並びを鏡像反転させて、入り口を向かい合わせるように提案したんです。

大月　はい。私もそのいきさつについては聞いています。そもそも住戸プランについては「すでにメーカーが決まっているので中身は変えられません」という前提だったのですが、山本先生たちのご助言によって、行政も創意工夫の大事さに気付いていったらしく、いまでは西側の一般ゾーンでも多くの住宅が対面式に変えられています。やはり、最後まであきらめずに提案し続けなければなりませんね。

山本　仮設住宅の多くは、都道府県経由でプレハブ建築協会に発注して設置していると思います。そして、協会に属しているプレハブメーカーが、もともと持っている住宅をそのまま被災地にもってくる。対面式にすると、従来のユニットをそのまま反転して置くだけではうまくいきませんから、かなり手間もかかります。ほかとは違うので住む人たちから何か言われたらどうしようかと躊躇するのだと思います。

藤村（龍）　先ほど行政側がなかなかスピーディに動かないというお話がでましたが、そういった一見硬直した社会状況のなかで新しいことを提案していくときに、二つのモデルを併存させていくハイブリッド型のモデルというのは有効ではないかと感じました。

被災者には選択肢があっていい

†求められる地盤情報の開示
†自立できる人には現金支給も
†持ち家政策に対する国家の責任
†「一住宅＝一家族」を超える住み方

藤村（龍）　では具体的な空間の話が出てきたところで、再び島原さんにうかがいたいと思います。不動産的な観点から東京の、あるいは日本の復興に対してどのようにお考えでしょうか。

島原 今日は建築、都市のご専門の先生方がおられ、被災地で現在進行形でいろいろな計画を進められているなか、私などが言うことはあまりないのですが、ひとつ、不動産的な発想で現地に入られている方が少ないと感じています。権利関係をまとめたり土地を評価したりする人が不足していると聞きます。あるいはまちを復興していくときに、長い目で見て、その土地の不動産的価値はどうなのか、そのような観点から発言するような人もあまり見当たらない。高台に新しいまちをつくるにせよ、急速な人口減少や超高齢化をふまえると、十数年後には空き家だらけになるんじゃないか。そこがちょっと気になっているところです。不動産関係の方ももっとボランティアとして現地に入って、できること、やるべきことがあるのではないかと。

東京という観点で気になるのは、今回津波の被害を受けたようなところにもう一度、同じように家を建てることの是非について。根こそぎ津波にさらわれてしまったような地域は、用途区分をしっかりとすることで復興計画を立てやすい面もあるかもしれません。しかし、たとえば首都圏では液状化が起こったわけですが、そういった地域はどうするのか。海岸沿いで津波が来たら危険な地域での住宅開発はどうするのか。いつかはわからないけど必ず来る将来の大震災に対して、どのような備えをするのかが大事だと思います。ほとんどはすでに人がたくさん住んでいる地域ですから、急に人を立ち退かせるなんてことはできないし、家を建てるなとも言えない。国交省は地盤情報を盛り込むかたちで性能評価を見直すことも検討しているようですが、たとえばフランスなどでは不動産売買や賃貸契約のときに、災害時の危険地域を予測して評価したハザードマップについて告知義務があるんですね。建物を建てるときにもそれに即したものでなければいけないし、保険も危険度に応じて決められる。ですから、情報を開示することによって、徐々にリスクの高い地域から人を動かしていくことはできるのではないかと思うんです。とくに東京圏のような人口密集地域では、そういう事前の対策が必要なのではないかと考えています。

また、東京圏で今回のような大きな地震が起きたら、避難者の数はこれまでの震災とは比べものにはなりません。これまでのように仮設住宅建設ありきの住宅対策ではとても対応しきれない。みなし仮設住宅となるべき賃貸住宅の多くも被害を受けるでしょう。そうなると仮設住宅を待ちながら一年以上体育館などで暮らさなければいけない人も出てくるかもしれません。出身地の実家など地方へ疎開できる人はいいのですが、仕事や学校の関係で移住ができない人が多いのは、今回の震災でもわかっていることです。「仮り住まいの輪」のような仕組みで、被害のなかった住宅で住まいを失った被災者を受け入れるシステムが有効だと思います。

それからもうひとつ、非常時に地元に残りたい人たちと移りたい人たちに分かれるだろうという大月さんのお話とも絡んでくることですが、被災者一人ひとりに複数の選択肢が提示されるべきだと思うんですね。家を失った被災者にとって仮設住宅が重要なのは言うまでもありませんが、仮設住宅には一戸あたり五〇〇万円の建設費がかかっているわけです。それに加え、何十万円も運営費がかかりますし、撤去するにも一〇〇万円近くかかる。しかも、法律上は二年しか使えないのですから、非常にもったいないわけです。「だったら現金で五〇〇万円くださいよ」という人もいると思うんです。被災地のサラリーマンにとって、世帯年収で五〇〇万円の家庭といったら、そんなに悪くないほうですよね。中古の住宅なら買えてしまう。

それから仮設の後には災害復興住宅がつくられますね。この建設費が一戸あたり一五〇〇万円と言われています。ですから、世帯あたり二〇〇〇万円を投じて、公的に全部やってしまおうとしているわけです。それだったら一〇〇〇万円あげるから好きにしてくださいというやり方だってあるのではないか。一〇〇〇万円もらってもどうにもできない人に対しては公的にケアをすればいいわけで、すべて同じ方法でやる必要はないわけです。自立できる人は自立させるような仕組みにしたほうが、行政コストも安く済むはずですし、被災者にとっても選択肢は増えるわけですからいいと思うんですね。そういった仕組みが用意されるべきではないかと思います。

山本　不動産的な観点というときに注意すべきなのは、純粋に不動産を財産として考えることに、ある種の困難がつきまとう点です。そこには不動産を売買する観点、つまり利潤のために物件を扱うというディベロッパー側の観点が介在してしまう。

でも、今回の災害は土地も失われてしまった。不動産的観点と言っても、その不動産という個人資産、あるいはインフラという国家資産そのものが失われて、個人資産、国家資産という考え方、あるいはその相互関係そのものを根本的に修正しない限り復興計画は成り立たないと思います。そのときにむしろ、個人の財産、あるいは利潤をあげるための不動産的観点というのは、また同じ失敗を繰り返すことにつながる恐れがあると個人的には思います。それは今回の災害の責任を誰がとるのかという話でもあると思います。個人の責任で住宅をつくった人たちが最大の被害者になった。それは国家の側で誘導した住宅政策だったわけですよね。「フラット35」のような三五年間もの長期固定金利でローンを組むことができるようにしたのも国の政策です。住宅支援機構がそれを保証するという仕組みです。とにかく所得の少ない人に対しても持ち家を奨励してきたのは国家的な政策でした。その政策に乗って自分で住宅をつくった人たちが最大の被害者になったというのは、それを自己責任というだけでは国家の側はあまりにも無責任なのではないでしょうか。被災されてすべてを失ってしまった人たちに対して一〇〇〇万円やるから好きにしなさいというのはちょっと無責任だと思います。インフラはどうなるのか、自分の商売はどうなるのか、子供たちの教育はどうなるのか、高齢者たちはこれからどこに住むのか。そうした社会全体の仕組みと一緒に考えないと、大部分の人は一〇〇〇万円程度もらったってどうにもならない。国に誘導されて「持ち家」を持ってしまった人たちに対する国家的な責任をまずはっきりさせるべきだと思います。例にあげられた液状化の問題もそうです。

僕は東雲キャナルコートという都市整備公団の集合住宅を設計したことがあります。そのときに地盤に打った杭の長さが六〇メートルだったんです。支持地盤が六〇メートルも下のほうにあって、四七メートルという建物の高さより長い杭を打つ必要があった。基礎地盤事業だけで猛烈なお金がかかる。一般住宅はそこまで重量がないので杭を打つ必要がないですが、地盤が建築に適していないのは同じです。ですから液状化が起きれば建物は影響をモロに受けてしまうわけです。しかし、買う人にはそこまではなかなかわからない。公団住宅に賃貸で住んでいる人たちは、こういうことがあるとわかりますけど、その建物の性能も含めて、かなり手厚く守られているわけですよね。危険負担もない。でもマンションにしても戸建て住宅にしても、持ち家を購入してしまった人たちは何も守られていない。液状化で地盤沈下したり、傾いたりした人たちの住宅も自己責任で復旧するしかない。

これは相当不公平だと思います。そういう意味でも、今後の復興を、戸建て住宅、マンションを含めて、持ち家を前提とするような復興計画は、今度の場合はかなり無理があると思います。高台を造成して、そこに戸建て住宅をつくるというような方法は絶対に避けるべきです。新たな住み方を考えるべきだと思います。いままでの「一住宅＝一家族」を前提とした住み方、住宅を不動産価値としてみるような観点を排除するべきだと思います。いままで話題にしてきた、お互いに助け合うような中間集団をどうつくっていくのか、そのための住宅の形式はどのようなものなのか、「一住宅＝一家族」を超える住み方こそが最重要課題なのだと思います。

松原　土地については、日本では私的な財産という捉え方が強すぎたのではないかと思います。財産であれば資産価値が下がらないように、ハザードマップを公表することが避けられてきました。私は、神戸の実家が活断層の真上にあるなんて、まったく知りませんでしたから。けれども火災の延焼が起きやすいといった知識は個人で収集するのには限界がありますから、私も行政が公表すべきと思います。中央線沿線は地下室をつくると大雨で浸水する可能性の高い地帯ですが、これもあまり知られていない。財産権の侵害という反対論があるかもしれませんが、そもそも土地は私有財産と捉えるには公的な面が色濃いものですから。商業地域にしても、商店を廃業したらそのまま個人住宅として使うためにシャッターを下ろしてしまうことが日本中で起きていますが、徒歩圏内の商店は高齢者の居住にとってはなくてはならないものであり、公的な存在です。賃貸料を下げれば借りたい若者は少なくないのですから、貸すことを義務づけるように用途の規制をすべきではないでしょうか。

高齢化する都市のシミュレーション

†もともと強くはない福祉を支える基盤
†必要になる高齢者同士の支え合い
†被災地での支援活動を忘れないために

藤村（龍） ここで人材リソースとしての高齢者の活用という点に関して、藤村先生のお話をうかがいたいと思います。

藤村（正） 今回の震災では、もともと日常のなかに隠れていて見えないだけだった社会的問題が浮上したと理解することもできると思います。たとえば、被災後の福祉サービスの基盤の脆《もろ》さや危うさが浮き彫りになりましたが、じつはもともとがそうであったと。福祉が日常生活を支えているが、その福祉を支える基盤はもともと強いとはいえない。福祉サービスは高齢者の日常生活を支える機能を果たしているわけですが、その福祉が突然機能不全に陥ったときに、どうやってそのような突発事態や緊急事態においてサービスを支えていけるのか。もともとが弱いところに追い打ちをかけられるとどうなるか、そうした問題が、今回課題として浮かび上がってきたわけです。バックアップのバックアップをどうするか。

一刀両断の解決策はありませんので、あたり前ですが、日常生活のなかでのつながりを確保することからはじめる必要がある。火事場のばか力という言い方もありますが、普通に考えれば、日常できる以上のことはできない。現在でも、災害時の援護が必要な方の名簿を事前につくるとか、どこに逃げればいいかという防災福祉マップのための情報提供を呼びかける動きがあったりもする。しかし残念ながら、今回亡くなった高齢者のなかには、そもそも身元を確認できる身内が見つからないという例もあった。阪神・淡路大震災のときには、仮設住宅などでの孤独死が注目されることもあったわけで、今回も、また今日の企画でも、その反省にもとづく仮設住宅の建て方の工夫がひとつの話題になったのですが、阪神以後、一五年の社会の動きは単身世帯の数を増加させる方向に向かった。「無縁社会」という言葉さえ出ている。緊急事態に備えたつながりはあったほうがよいけれど、通常状態であればそれほどでなくていい、と考える人が多いのではないでしょうか。お話にも出ているように、個々の住宅設計、地域のまち並み設計のなかに、人間関係をつくる仕掛けを仕込めるかどうか。コミュニティというキーワードだけではもはやまとまれないような、個人化が進んでいます。

今回の震災の被災地は、過疎の要素はあっても、高齢者を支える地域の人間関係が一次産業を中心に、まだ相対的に強いエリアでしたので、それでなんとか保たれた部分もあるかと思います。しかし、これが都市部だったらどうなっていたか。東北の沿岸部に高齢者が多かったとして、じつはそれは今後高齢者が増加する都市部のシミュレーションでもある。地域によっては、あるいは時間帯によっては中年世代や若者世代がいない、あるいはつきあいがない。そうなると、場合によっては、高齢者同士でお互いを支え合うことも必要になる。六〇代前半から半ばの前期高齢者であれば、個人差はありますが、ある程度体を動かすことはできるわけです。なかには何か意欲的に取り組めることがしたいと、地域活動に参加されている方も少なくないと思います。そうした前期高齢者の方々が、後期高齢者や子供たちが災害に遭ったときの救援、救助に力を貸していくことも十分考えられるのではないでしょうか。そうした事態をふまえ、都市部などで災害時を想定した前期高齢者の組織化を考える意味はあるのではないかと思います。ただ、日本の長期的な人口減のなかでは、後期高齢者の増加が著しいわけで、前期高齢者で対応可能なのかも不安要素はあろうかと思います。

災害の有無にかかわらず、高齢期の方々にとっては、日々生きていくことがすでにリスクに満ちているといえる。とくにバリアフリーが十分に行き届いていない場所においては、ある意味、日々社会的災害のなかに生きているのだとも捉えることもできるのかもしれません。そういう意味では、福祉制度そのものも防災的な視点で考えることが、制度の充実につながっていくと考えられるのではないでしょうか。バックアップのバックアップからまず考える。非常事態に耐えられるものであれば、通常状態に耐えられるわけですから。

藤村（龍） 福祉制度の問題と防災制度の問題は似ていて、問題を解決するアプローチの仕方も重なるところが多いのではないかという藤村さんからのご指摘でした。今度はＮＰＯ

の観点から、東北の復興や日本の再編についてどのようなご提言をお持ちか、中村さんにコメントをいただきたいと思います。

中村　ＮＰＯの視点というより市民の視点と言ったほうがいいかもしれませんが、被災地と東京とを分けてお話しさせていただきます。

まず被災地に関しては、都市デザインや建築が専門の方々と、われわれ社会デザインの領域の人間が一緒に活動を行なおうとしています。この協働のよい部分は、たとえば被災地の復元模型を使用したワークショップを開くことによって、街の記憶を共有しながら街のお弔いをしていくことができる。このワークショップは、心理社会支援的な要素を盛り込んでいるんです。お互いの専門領域の中だけでは出てこなかった発想だと思っています。

こういうことは、東京においても、教科書的な防災教育にとどまらない継続的な学習効果、教育的側面を持つ活動として有効ではないかと考えています。やはり、３・11という生々しい記憶も一年、二年と経過するうちにどうしても薄れていってしまう。ですから、被災地で行なっているのと同じかたちのワークショップを首都圏でもアレンジしながらやっていければと思っています。

それに加え、今回は大規模移住の問題が起こり始めています。一時的な人たちを含め、首都圏に移住してくる被災者の声に対して、いかに耳を傾けることができるのかが、今後NPOにとっても大きな課題になってくると思います。

たとえば、私が代表理事を務める、さいたまNPOセンターというインターミディアリーでは、さいたまアリーナに避難し、その後、越谷市に住んでいる福島県楢葉町の人たちがつくった「東日本大震災被災者の会　一歩会」とのやりとりのなかで、就労支援などの要望とともに、「心のケア」の大切さを、「被災のこと、避難生活のこと、今までの辛かったことなど、さまざまな話を聞いてもらいたい」という声や、また、農園地の提供の要望として出ている「野菜や草花とふれあい、ささやかでも命のあるものと関わって生きがいを感じたい」という声を通じて知ることとなりました。

また、今日はあまり話題に上りませんでしたが、原発事故に端を発した風評被害の問題が出てきています。もし首都圏で今回のような規模の大災害があったときに、風評被害をどのように最小限に食い止めるのか。ツイッターやフェイスブックやブログといったウェブ上の新しい手段がどれくらい役に立ち、どれくらい弊害をもたらすものなのか、考えなくてはならないと思っています。三浦さんと私が共通して尊敬する社会学者、清水幾太郎の『流言蜚語《りゅうげんひご》』（一九三七年）を引くまでもなく、こういった問題は社会全体の課題です。私たちもどのように立ち向かっていけるのか考えているところです。

藤村（龍）　3・11以降の社会状況として、建築デザインや都市デザインとともに、中村さんのご専門である「社会デザイン」という枠組みがますます前景化してきました。

ここまで東北の復興、日本の再編に向けて何をなすべきか、パネリストの方々にご提言をいただいてきました。以上を受けて、第一部のまとめに入っていきたいと思います。まず三浦さんに総括的なコメントをお願いします。コメントの後に、会場のみなさんからご質問を受け付けたいと思います。

三浦　たいへん壮大なテーマになりました。大月さんからは「コミュニティのコの字も嫌いという人がいる」、そして山本さんからは「消費者」ではなく「生活者」という言葉をつかうべきだというお話がありました。中村さんのご専門に引きつけて言うと、市民社会のシの字を聞くのも嫌いという人もいるわけですね。いまでも国の出す資料、白書は「市民」という言葉を使いません。どれも「国民」です。経団連も経済同友会も民間団体だけれども「国民」という言葉を使っている。ですがなぜか「庶民」という言葉は使っていいという不思議な慣わしがあります。それでも「市民」という言葉だけは使わない。

私は日本の社会のなかで市民の力はかなり強まってきていると感じています。先ほど島原さんが言ったように「五〇〇万円ください。あとは自分でやります。だって、ついこのあいだまで自己責任だと言っていたじゃないか」と、自分の責任において最適だと思えるお金の使い方をさせてほしい市民はいるはずです。被災者だけでなく、被災地の自治体にしても、そう考えているところは結構あるはずです。それを旧来の制度のガチガチな枠組みのなかで統制しようとしている。そこに大きな無理が生じていると思うんです。

また、私個人としては、「市民」「コミュニティ」、あるいは「シェア」という言葉のどれも、グランドデザインだとは思っていないんですね。今日のシンポジウムでも論点になっているような、二元論的な対立では解決しえない、隙間を埋める中間的で媒介的な考え方だと捉えています。先ほど大月さんが提示された釜石の仮設住宅のプランを例にして言うと、一般ゾーンとケアゾーンとをひとつに統合しようとしても、両者のあいだで対立が起こってしまう。そうではなく、中間的な理論や中間的な集団を多様に並立することとこそが、じつは問題の解決を早めていくのではないかと思っています。

藤村（龍） 今日の議論に通底しているのは、消費のあり方が変わっているのに行政のコンセプトが変わっていない。あるいは経済のあり方が変わっているのに政治のコンセプトが変わっていない。だから中央と地方、行政と日常生活のあいだに横たわる溝がなかなか埋まっていかないという問題意識でした。

それに対する戦略として、中間的な組織の力を活かしていく方法があり、島原さんが行なっている市民の新しいネットワークを組織していくような活動や、藤村さんがおっしゃっていたような高齢者を人的リソースとして活用することも含まれるかと思います。

もうひとつ興味深い戦略としては、大月さんのご提言にあったように、複数のモデルを並列して示すことで、一見硬直しているかに見えるシステムに少しずつ隙間を空けていくことができるのではないかというものです。それは今日のように社会のなかのモデルが複層する状況のなかで、物事を前に進めていく際に有効な戦略だとお見受けいたしました。

コミュニティづくりの戦略は「建築」

- †個人の自立と強くなることが求められた時代
- †地域の「仕組み」とともに建築をつくる
- †自立できない人のほうが多い社会
- †豊かな生活を建築にどう反映させるか

†建築家の腕の見せどころ

会場質問　「一住宅＝一家族」というシステムが有効でなくなっているという山本さんのご指摘に個人的には共感しつつも、建築が専門ではない一般の人たちにとっては、いまだに一極集中型の都心やきらびやかな超高層マンションに魅力を感じている現状があると思います。あるいは大月さんが言われたように、コミュニティが嫌いという人もまだたくさんいるかと思います。そうした現状をふまえて、地域社会圏モデルをどのように具体的に反映させていくつもりなのか、お聞かせいただけないでしょうか。

藤村（龍）　ありがとうございます。いまのご質問は言い換えれば、あるモデルを提示するときに、全体像や将来像を示すより戦略論が必要になってくる場合もあるのではないかと。そういうコンテクストから質問されているように思います。山本さん、いかがでしょうか。

山本　戦略論といっても、私たち自身がすでに刷り込まれてしまっている枠組みのなかで戦略を立てても、その戦略は未来につながらないと思います。まずはわれわれ自身に刷り込まれてしまっている考え方を疑うべきだと思います。「助け合って住むというような考え方は偽善的か」という話を冒頭にしたのも、そう考えること、それが恥ずかしいと考えることがすでに私たちに刷り込まれているのではないかということを話したかったからです。「コミュニティなんか恥ずかしい」というのは、一九六〇年代頃すでにわれわれの感性だったと思います。われわれが学生だったときから、すでに恥ずかしかった（笑）。大学紛争の頃は、個人が自立し一人ひとりが強くなることが最も重要だと思われていました。そういう考え方が七〇年代以降、われわれの中心的な考えになっていったと思います。

石巻へは表象文化論をご専門にされている榑沼範久さんと一緒に行ったのですが、そのとき、なぜコミュニティや「助け合って住む」ことが恥ずかしく聞こえるのかという話になったんです。榑沼さんがおっしゃるには、ニーチェの影響が大きいのではないかと。よく知られているように、ニーチェは、いかに個人が強くあるべきかを説く。強くない、劣悪な人間が愛や共感にすがりつくんだと。それがニーチェの言い方です。

そして、それとまったく対立するのがダーウィンだと榑沼さんは言うんですね。ダーウィンは逆にいかに共感するか、いかに共同するかということを説くわけです。生き残っている生物は多かれ少なかれ共同体的な生態をとっていて、個体同士がバラバラな生物はみんな淘汰され死に絶えていった。人間も例外ではないわけですね。ここまで生き延びて、地球を支配すると思えるくらいにまで成長したのは、われわれが共同体的だったからだと思います。ニーチェ的近代的な自我は個人がいかに強いかということを強調するけど、でもそういう刷り込みが働いているのではないのか。実際、今回のような大震災のときには、みんな助け合っているわけですよね。でもじつは日常生活でもそういうことが起きているはずです。ですから、近代的な自我だけに染まっているわけではない。われわれはその中間に生きているのだと思います。

われわれのなかにはどこかで「助け合う」という感性が十分に生きていると思います。では、助け合う空間をどうつくるのか。「一住宅=一家族」はまったく正反対の空間です。横浜国立大学の学生たちとつくった仮設住宅計画では、二列の住宅を向かい合うようなかたちに配置して、さらにガラス張りにしてお互いになかの様子が見えるようにして、その内側の部屋を土間のようにして使う案を考えました。場合によっては、隣同士で壁をとりはずして二世帯がつながることもあります。そういうフレキシブルな提案をしています。

それから、先ほど大月さんから関東大震災後の仮設住宅のなかにはあらかじめ商店が計画に組み込まれたという話がありましたが、やはり被災地に商業的な空間をつくる必要があると思います。お店があれば人も集まってくる。そして、お店は誰でもできるわけです。カレーが好きなお婆ちゃんのカレー屋さんみたいなものでいい。そういうものが被災地にできるだけで圧倒的に変わってくると思います。地域社会圏と僕が言っているのはそういうことで、単純に「みんな仲良くしましょう」ということではないわけです。街路に面した町のような住宅地です。そういう仕組みをわれわれ建築家はつくっていけると思うし、住む人たちの工夫でつくっていけると思っています。「一住宅＝一家族」の考えに基づく閉じた隔離施設のような空間でなく、地域社会の仕組みとともに建築をつくっていくことが、われわれの義務ではないかと考えています。

大月　以前、建築家の原広司さんと対談するチャンスがあって、原さんに「コミュニティって必要ですか？」と聞いたら、「もちろん必要だ」と言うんですね。原さんの提案されていた住宅は、個人レベルで果敢に都市に対峙《たいじ》していく、自立した人間の住処《すみか》である、というようなイメージがあったので、あれ、おかしいなと思ったんです。そのときの原さんの話では、建築家は高度成長期のときにいろいろ提案してきたけれど、結局、それらはコミュニティを必要としない、コミュニティから出てきた、個として自立した人間のための提案だった。しかし、高齢者や子供は誰かが面倒を見ないと生きていけないという厳然たる事実があり、そこには当然コミュニティは必要となる。だけど、若くて自立した人たちは村の外に出て行って、ドン・キホーテのように都市に挑んでいくんだと。そういう人たちのための砦《とりで》をわれわれは提案してきたんだと原さんはおっしゃるわけです。

第二部に参加される広井良典さんは「定常型社会」について提言されており、それと絡んでくる話ですが、はたして、われわれの身の周りに肉体的にも経済的にも自立した人がそんなにもいるのかというと、疑問ですよね。多くの人は、子供がいたり爺ちゃん婆ちゃんがいたりと、自立できない人とともに暮らしている。むしろ自立できない人ばかりが社会を構成するようになっている。つまり地域で地縁にもとづいて暮らしていかざるをえない人がたくさんいるわけです。そうなると、コミュニティベースの建築を提案しはじめなくてはならない。新たなフェイズが訪れているのではないかと思うんです。

私も山本さんが言われているように、すべてを「一住宅＝一家族」で考えるのはおかしいと、つねづね思ってきました。私は敷地のことまで加えて、「一住宅＝一家族＝一敷地」と表現することがあります。これは半世紀ばかりの間、ハウジングの前提とされてきたテーゼですが、実際われわれの周りを見てみますと、ひとつの家族がひとつの敷地にひとつの住宅を構えている例ばかりではないことに気づきます。たとえば、昔の同潤会アパートなどでは、同じ階段室で、お爺さんとお婆さんが一階に住んでいて、二階にその子供夫婦が住んでいて、三階に孫が住んでいる例などが見られました。共同の階段室を通じて、あたかも三世代住宅が集合住宅のなかに埋め込まれているかのようなかたちで住んでいるわけです。これなどは「三住宅＝一家族」です。

もうひとつ例を挙げますと、これは茨城県の、ある寂《さび》れた戸建住宅地の調査で見られたケースですが、最初にひとつの敷地にひとつの住宅を建てて、そこに核家族が入居した。その近辺の宅地はあまり売れなくて土地がものすごく安かったので、そのお宅は隣の敷地も買って、お母さんがそこで日用雑貨店をはじめた。そうすると、住宅しか建っていないような場所だったので繁盛するわけです。その儲けでまた隣の敷地を買う。そこを今度は自家菜園にして家計の足《た》しにしようとした。それでまたちょっと蓄えが増えたところ、子供がちょうど鍼灸の学校を卒業したのでクリニックをやりたいということになった。そこで道路をはさんで家の向かいの敷地を買って、鍼灸院を兼ねた子供の新居を建てた。クリニックを開いたら、さらに人が来るようになったので、今度は角のお宅の空き地を使って駐車場にしたんです。これなどは「三住宅＝二家族＝五敷地」ということになる。

つまりわれわれの生活の多様性は、それくらい豊かで複雑になっている。にもかかわらず、すべてを「一住宅＝一家族＝一敷地」の論理で扱うのは、単に政策をやりやすい、レポートが書きやすい、予算をたてやすい、人を説得しやすいという、「やすい」ことだけですべてを決めていく理屈なんですね。こうした発想をいかに乗り超えるかが問われているのだと思います。われわれのふつうの暮らしが実現できる場をどうつくるかというだけの話なので、けっして難しいことではない。それはわれわれが実生活のなかで、もうすでに、多様な形で実現していることなのです。こうした意味でも、建築計画学でやっている住まい方調査、使われ方調査は重要なのです。

藤村（龍） ありがとうございます。いまのご質問は、建築家があるモデルを提案したとしても、「一般の人」——この言い方はなかなかくせ者だと思うのですが——はそれについてこないのではないか。その際の戦略はなにかあるのかというご指摘だったと思います。それに対する山本さんのお答えは、建築をどのように広めるかではなく、建築そのものが戦略なのだということでした。建築というものはイメージをつくっているのだから、建築そのものの転換によって新たなイメージを喚起していくことこそが重要であると。それに加えて、大月さんがおっしゃったことというのは、市民のほうが固定化した観念に囚われているのではなく、むしろ現実が先に行ってしまっているのだから、モデルのほうがそれに追いつくべく設計の精度を上げていくべきだというお話でした。

さて、ツイッターのほうにも質問が寄せられています。島原さんへの質問ですね。

「コミュニティが大嫌いな人とコミュニティが好きな人とが共存する姿は、なかなかイメージしづらいのですが、どういうものになるとお考えですか？」

島原　「コミュニティが大嫌いな人」という言い方がまたくせ者で、その場合の「コミュニティ」とはどういうものを指すのかに関わってくると思うんですね。昔の農村型コミュニティと呼ばれている、地縁・血縁に縛られていたり、人のうわさがすぐに立ってしまうような人間関係を「コミュニティ」と呼ぶのであれば、ほとんどの日本人は「大嫌い」になりつつあるんじゃないかという気がします。それは東京であろうと東北であろうと、あまり変わらないのではないかと思うんです。

けれども、どんなコミュニティとも関わらないで暮らしている人などいるのかというと、僕はいないと思うんですね。ある人にとっては会社がコミュニティの場になっていることもあるかもしれない。コミュニティとは町内会のようなものだと言うのならば、苦手な人が多いのかもしれませんが、人は人と人とのつながりのなかで生きているわけです。だから人が完全にコミュニティを断つことは不可能だし、「コミュニティが大嫌いな人」などというのも本来ありえないと思うんです。

そうは言っても、人づきあいの得意な方、苦手な方がいるのもまた事実です。そういった人たちを共存させていくのは、それこそ建築家の方々の腕の見せどころかなと思っています。ふつう集合住宅の建築計画では、最初に不動産屋が敷地を仕入れてきて、条件や計画案を建築家に提示するというやり方がほとんどだと思うんですね。「何坪の土地で、容積率は何パーセントだから、最大容積をとったらこれくらいの区割りで売れます。そういう前提で設計してください」と。その結果、どれも同じような建て方になってしまう。それをもってディベロッパーがわかっていないとか、不動産屋はわかっていないと言ってもはじまらなくて、そういう部分を建築家の側から乗り超えてきてほしいと思うんです。それは僕が住宅の研究をしていて感じているところです。

藤村（龍） ありがとうございます。今日のような成熟した社会では専門分化が進むので、建物ひとつとっても、いろいろな専門家が関わってくるという状況になります。そうすると専門家と専門家との対話が必要になってくる。こうした問題は昔から建築と土木のあいだにもありますし、土木と都市計画のあいだにもあります。さらに同じ建築のなかでも意匠、構造、設備とそれぞれ別の専門家が関わっているんですね。今日のように新しいものと旧いものが複雑に絡み合って共存しているときには、お互いの問題が見えにくくなっているので、どうしても誰かが悪いという話になってしまいがちです。いま求められているのは悪者探しをすることではなく、どうやったらモデル自体を書き換えていけるのかという、さまざまな戦略論なり設計論なりに回収していく姿勢ではないかと思っています。

第一部では議論を通していくつかのキーワードが出てきて、非常に有意義な討議になったと思います。空間の話が出てきて、モデルなどを具体的に想像できる場面がありましたが、第二部ではさまざまな世代の建築家にご登壇いただくことで、今後の社会をどう設計していくか、より具体的に論じていきたいと思っています。

第二部

建築からはじめる——国土・都市・建築

家成俊勝　建築家、ドットアーキテクツ
松隈章　建築家、竹中工務店
永山祐子　建築家、永山祐子建築設計
広井良典　福祉社会学、千葉大学教授
山崎亮　コミュニティデザイナー、Ｓｔｕｄｉｏ-Ｌ
大野秀敏　建築家、東京大学大学院教授
山本理顕　建築家、日本大学大学院特任教授

「助け合って住む」ことへの見直し

†私たちは、コミュニティがなければ生きられない
†生活者が連携してルールからつくる
†動的な人たちの互助的関係を築ける住宅

藤村龍至　第二部では「国土・都市・建築」というテーマで討議してまいります。まず第一部と共通の質問を投げかけつつ進めていきたいと思います。「震災で感じられたこと」「東北の復興のために考えること」という共通質問から議論していきます。まず、山本さんから第一部の議論を受けて、再び問題提起的にコメントいただけないでしょうか。

山本理顕　第一部の冒頭で四つの問題提起をしましたが、それに対してパネリストの方々のそれぞれの立場から多様なお話をうかがえたと思っています。第一部の繰り返しになりますが、もう一度まとめると、今回の地震や津波による被害は単なる自然災害ではなくて、従来までの都市をつくってきた原理そのものに原因していると思います。二〇世紀の都市

の原理が全否定されたのではないかというのが私の率直な感想です。二〇世紀の都市の原理というのは、「一住宅＝一家族」というモデルで供給されてきた住宅供給の方式がその根幹にあります。それは経済成長のためにきわめて有効な供給方法だったと思いますが、もはや完全に形骸化してしまっているという話が第一部で出ました。すでに一世帯の人数が二人しかいないときに、「一住宅＝一家族」というモデルは根拠を失っている。

それに対して、経済成長を目的化して国を運営していくことがそもそも問い直されなければいけないのではないかという指摘が、とくに松原さんからあったと思います。統計上は住宅は二七、八年でスクラップ・アンド・ビルドされている。そういう住宅をわれわれ建築家はつくってきたわけですね。では、そういう住宅のつくり方とは違った方法があるとしたら、それはどういうものなのか。

これは経済成長モデルと別のモデルがあるとしたらどういうものかという問題提起へのひとつの答えになりうると思いますが、「助け合って住む」という住み方があるのではないか。一方で、「助け合って住む」というと、ある人たちにとっては偽善的に聞こえてしまう。そう聞こえてしまうわれわれの内側の意識というのは、どこから来ているのか。前半で中村さんがはっきりとおっしゃっていましたが、現実にはコミュニティという中間集団のようなものを頼りにしてしかわれわれは生きていけない。その中間集団は昔の村社会のようなものではなくて、現実にわれわれの責任でつくっていくものだということです。それから景観に関してですが、景観は記憶だと思います。われわれが共通して持っている記憶だと思うんですね。そうした記憶の景観が二〇世紀は大切にされてこなかったと感じます。三浦さんは「ファスト風土」と言っておられますが、地方都市から東京まで、すべてがおしなべて標準化するような風景になっていったのは、それが二〇世紀の開発の方法であり、その結果ではなかったかと思います。

私は地域社会圏モデルということを考えていますが、「一住宅＝一家族」のプライバシーやセキュリティだけを異常なまでに大切にする住み方に代わる住み方があるように思います。つまり、お互いに助け合うような住み方のシステムがあるのではないか。エネルギーや介護、交通インフラの問題にしても、地域社会圏というエリアとの関係のなかで解決できる方法があるのではないか。住むということを単に住宅の問題として考えるのではなくて、地域社会をひとつのエリアと考えたときに、そのエリアのなかに住むということも考えることができるのではないかと思っています。中間集団のようなものを場所や地域との関係とともに考えることが重要なのだと思います。その地域特性とともに考える。そこが低層高密の商業地域なのか、農業を中心にする場所なのか、漁業なのか、山林なのか、どのような地形なのか、川沿いなのか海のそばなのか、どのような景観なのか、夕日がきれいなのか、地域の人たちが大切にしてきた森や湖や川があるのか。そうした地域の特性と一緒に中間集団は考えられるべきだと思います。今までは、人と人との関係、家族と家族との関係、家族と中間集団との関係をその場所の特性と関係なく、われわれはあまりにも抽象的に考えてきたようにも思います。個人の自由を大切にして、他者に対する差別をできる限り排除するのは当然ですが、その自由や差別という考え方にしても、その地域社会がどのような特性をもっているのかを考えることが重要だと思います。

藤村（龍） いま山本さんから地域社会圏モデルについてのコメントがありましたが、第一部では「一住宅＝一家族」というモデルがすでに崩壊しつつあるという認識が共有されていました。この山本さんのご発言を受けつつ家成さんにお話をうかがいたいと思います。家成さんは今回の東日本大震災をどのように感じられましたか。

家成俊勝 阪神・淡路大震災の経験からお話しさせていただければと思うのですが、一九九五年、私は二〇歳でした。当時、私は神戸市の六甲山の麓に住んでいました。私が住んでいたのは築八〇年程の住宅で、震災の影響で基礎が傾き、屋根や壁が落ちて全壊判定を受けましたが、周りの家はあまり被害を受けていませんでした。山の近くで地盤が硬い地域だったのが幸いでした。震災が起きた直後はラジオしかつながらず被害状況も大して伝わってきませんでした。ラジオを聞く限り町がすごい状況になっているとは想像もしていませんでした。しばらく壊れた家の片付けをしていると、ラジオから阪神高速が横倒しになっているという情報が伝わりました。友だちが横倒しになった阪神高速道路の近くに住んでいたこともあり、震災が起きて三時間後にはバイクに乗って町をいろいろと見て回りました。インフラも含めた、これまで目に見えていた仕組みやルールが、都市の崩壊とともにまったく麻痺して機能しなくなってしまった状態がそこにありました。交通網が麻痺し、水や物資が不足している特殊な状況のなかで生活していくうちに、被災者同士であるとか、被災者と被災していない人、被災していない人同士など、無数の人々の協力と調整というふだん目に見えていないものが見えてくるという経験をしました。つまり、震災前は他者と関わり合いを持たなくても生活できていたのに、震災後は他者と関わり合わないと上手く生活できない状況があったわけです。同時に震災前は、あらかじめ存在するルールに沿っていればよかったのですが、震災後は生活者自らが連携しながらルールからつくっていく感覚がありました。

そうした経験をふまえて思うのは、先ほど山本さんから「一住宅＝一家族」のモデルにはもはや限界があるのではないかという問いかけがありましたが、私も同じように考えているところがあるんですね。敷地境界線が引いてあって、そこにひとつの建築が建っていて、ひとつの家族が住んでいるという物事を、そういう単体で考えるやり方は有効でなくなっている。そうではなく、建築やそこに住む人を群や集団で捉えたほうがいいのではないかと最近考えています。そう捉えることで日常生活のなかでお互い助け合うような互助的な関係をもう一度構築できるのではないかと思っています。また私たちの生活を支えるエネルギーや資源に関しても単体で使うことを考えるよりも、群や集団で共有しながら小さなエネルギーや資源を使用したほうがよいのではないかと思います。

一九四四年に今《こん》和《わ》次郎《じろう》が「昭和の五人組住宅」という提案をしているのですが、それはどういうものかというと、戦時下で家や家財道具がすごく不足していたわけですね。そういったなかで共同式でできることは共同式でやろうという考え方のもと、五世帯でひとつの敷地を共有するというやり方を提案しています。各住戸から六坪ずつを工面して、計三〇坪程度の共同の炊事場と風呂場と物

家成俊勝　1974年兵庫県生まれ。建築家、ドットアーキテクツ共同主宰、京都造形芸術大学・大阪工業技術専門学校非常勤講師。阪神・淡路大震災を経験し、被災地での人々の活動から建築やコミュニティが立ち上がっていく姿を見て、建築家を志す。2004年よりドットアーキテクツを立ち上げ、大阪を拠点に活動を展開している。

置と洗濯場をつくって、それを五世帯で使っていこうと。五つの住宅と水回りが納まったひとつの共有建物は、すべて切妻《きりつま》屋根がかかったシンプルなものでした。この度の震災で供給されている仮設住宅と同じようなものともいえなくもないです。大きく違うのは、現在の仮設住宅には住戸ごとに水回りが付いているということです。仮設住宅については配置計画や、建築計画などいろいろと問題はあるかもしれませんが、入居者同士が生活する上で共有するものがすごく少ないというのも問題のひとつかもしれません。また「昭和の五人組住宅」の当時では互助的な関係というのは、地縁や血縁という静的なものを幹に考えられていました。しかし現代において思うのは、そうした基盤を持たずに、流動的に動いている人たち同士が互助的関係を築ける建築計画や住宅の仕組み、コミュニティの生成の方法をどのように構築していけるかということです。今回、原発や電力不足問題で明らかになったように、私たちの生活を支えるエネルギーに関しても言えることだと思いますが、あるものを共有することによって生活するコストを下げたり資源をうまく使っていくことはできないかと考えています。

藤村（龍）　家成さんは「互助的な関係」という言葉を使っていらっしゃいましたが、そこで今和次郎を引用されたのが非常に象徴的だなと思いました。今和次郎はそもそも関東大震災後のフィールドワークから出発しつつ互助的な関係を提唱しています。家成さんは、現代では静的な地縁・血縁ではなく、動的に動いている人たちが互助的な関係を築いていくことが求められると。「互助的な関係」とは、聞きようによってはレトロといいますか懐かしい言葉ですが、そういう言葉をあえて持ち出すことが有効ではないかというお話でした。

時代を加速させた東日本大震災

- †大事なのは東京の人が震災をどう捉えたか
- †新しい仕組みに欠かせないネットワーク
- †問題を先取りしている中山間・離島地域
- †誰が避難者の新しい人間関係をデザインするのか
- †復興の枠組みは「いい加減」でとどめる
- †支援する側の取りまとめ

藤村（龍） いま阪神・淡路大震災の話題が家成さんから出ましたが、同様に阪神・淡路を体験された松隈さんから今回の震災で感じられたことをお話しいただければと思います。

松隈章　一九九五年の震災のときは、私の住んでいるところが震源の目の前といいますか、自宅から見える海が震源地でした。今回の3・11のときは東京に来ていまして、揺れを感じました。ですから両方経験しているんですね。家成さんは震災を契機に建築に進まれたとうかがっていますが、私の場合は逆に、阪神・淡路を経験して、建築の設計だけをやっていていいのかなと強く感じました。

今回、東京で震災を受けて思ったのは、東京では揺れはあったけれど大きな被害はなかった。それはある意味、東京にとってはよかったという言い方は悪いかもしれませんが、阪神・淡路のように突然大都市が崩れ去るということはなかったわけです。東京が神戸と同じように直下型の大地震に襲われていたら、今日のシンポジウムもおそらく開かれなかったでしょう。金曜日ということもあり多くの帰宅難民を出しましたが、都市機能や社会システムが麻痺することで予行演習のようなものができたわけです。同時に、東京がいかに東北に頼っていたか、東京という都市の脆弱さが一気に露呈したわけで、それはある意味よかったのではないかと感じました。

今回の震災は神戸のときとはまったく違っていて、東北の復興が重要であることは言うまでもありませんが、東京が予行演習をしたということを東京の人間自身がどう考えているかということが、じつはいちばん大事なのかなと思いました。阪神大震災のときはそんなことを考える余裕もなく、とにかく復興ということになりましたが、そこには反省すべきこともたくさんあったと思います。その点をふまえて、東京と日本をどう考えていくのかということが非常に大事じゃないかと思いました。阪神・淡路大震災のときもそうでしたが、大震災はその結果として、時代を突然先に進めてしまうものだと思います。数年、十数年後に日本で起るようなことを前倒しで指し示すことになってしまうのです。従って、東日本大震災でも、もともと東北という地域が持っていた問題を白日の下に照らし出したと言えます。その意味から、とくに第一次産業の復興と過疎・高齢化対策、地方における雇用の創出が大きな問題になってくると思います。

松隈章　1957年兵庫県生まれ。建築家、竹中工務店勤務。阪神・淡路大震災を機に近代建築の保存や再評価の大切さに気付き、人々が地域の歴史を発見できるイベントや建築展を手掛ける。また、建築家・藤井厚二の実験住宅「聴竹居」の保存活用を通じ、日本人の美学やライフスタイルを広く伝えている。主な著書に『「聴竹居」実測図集』（共著、彰国社）、『16人の建築家』（共著、井上書院）など。

藤村（龍）　ありがとうございます。いまの松隈さんの発言を受けて、

永山祐子　1975年東京都生まれ。建築家、永山祐子建築設計主宰。場所の持つ時間的・空間的な文脈や、生活する人がつくる地域のあり方を見直しながら、その地域のきっかけとなるような建築の設計を試みている。『JA82』『新建築』をはじめとする建築雑誌などでの発言をする機会も多い。近年は建築のほか、家具やメガネなどのデザインも手掛ける。

その東京で設計をされている永山祐子さんは今回の震災をどのように捉えておられますか。

永山祐子　じつは震災のとき私は日本におらず、オランダにいました。オランダに着いた瞬間、事務所から所内の本がすべて床に落ちている写真が送られてきて唖然としました。東京に電話してもつながらないし、なかなか情報を得られない状態だったんですね。そのときに、どうにか状況を知りたいと思っていろいろ調べていくと、いちばんよく情報を把握できたのはツイッターだったんです。ツイッターで知り合いがどこにいるとか、帰宅するのが困難になっているようだとか、人のつぶやきを通して全体像を把握していったんですね。そうやって情報を得ているうちに、「泊まれない人がいたらウチに来てください」とか「自転車使えますよ」とか、ちょっとした助け合いというか……。

藤村（龍）　まさに互助ですね。

永山　そうですね。そうしたつぶやきが上がってきているのを見て、私は外側にいてなにもできないのだけれど、仮想の場であるツイッターがすごく強いインフラに見えました。物理的なインフラがダウンしているなかで、ツイッターというインフラがグローバルに、遠くオランダにいる私にも臨場感のある情報を伝えてきた。もちろん風評被害を広めるツールとしてもツイッターは使われてしまうケースもあるわけで、使い方によってはいろいろな問題も生んでしまうと思いますが、物理的な場ではない、仮想の場としてのツイッターやフェイスブックがとても心強いものに見えたんですね。今後、新しい仕組みを考えていくうえで、ネットワークの整備は必要になってくると思いますし、システムのなかで強力な要素になっていくだろうなと、遠いオランダで考えていました。

藤村（龍）「帰宅難民を受け入れます」というようなツイッターで見られた助け合う人々の姿というのは、まさに先ほど家成さんがおっしゃっていた動的に動く人たちによる互助的な関係の例ですね。情報インフラをベースにしてそういう関係が生まれてきたというのは、二〇一一年的な状況といっていいかもしれません。では、そうした新しい互助的な関

広井良典　1961年岡山県生まれ。千葉大学法経学部教授。社会保障や医療・福祉などに関する政策研究に、哲学的な視点を織り込みながら、まちづくりや地域再生にも取り組む。宮城県の震災復興会議、朝日新聞「ニッポン前へ委員会」に参加。『コミュニティを問いなおす』（ちくま新書）で第9回大佛次郎論壇賞受賞。近著に『創造的福祉社会』（同）。

係がクローズアップされた一方で、情報インフラの外部にある人、インターネットに接続していない人々はどうなっていたのかという議論もあります。たとえば高齢者の方々ですね。ここで福祉社会のコミュニティがご専門である広井さんにお話をお聞きしたいと思います。

広井良典　震災に関しては、宮城県の震災復興会議や朝日新聞の関連の会議に参加させていただいております。震災についての基本的なスタンスですが、まずは復旧に向けた作業がまだまだ遅れていると思いますので、これについては集中して、さらに急ぐかたちで対応を進めていく必要があると思います。同時にこれまでの日本社会の抱えてきた構造的な問題があり、それは震災の前も後も基本的には変わっていないというふうに思っていますし、むしろ今回の震災がこういった問題を先鋭化させたのではないかと考えています。そういう意味でも、本来必要だった改革を加速させるといった対応が求められると思います。

具体的には、従来の成長拡大モデルとは別の社会構想を打ち出すことが重要ではないかと考えています。

また、今回の震災を通じて、東京のような大都市圏が食料やエネルギーに関して、地方や農漁村に大きく依存しているという構造が明るみに出たと言っていいでしょう。それを是正するような対応を進めていく必要があると思います。

藤村（龍） いま、広井さんから成長・拡大とは違ったモデルについて、そして中央と地方の関係についてコメントがありましたが、ここでそういった縮小を続ける地方都市や集落をフィールドに活動を展開されている山崎さんにお話をうかがいたいと思います。山崎さんは今回の震災とその後の状況についてどのように捉えていらっしゃいますか。

山崎亮 『コミュニティデザイン』（学芸出版社）という本の最後にも書いたことですが、三月一一日は、二月末くらいだった本の締切りにちょっと遅れていたので、編集者さんにいろいろ言われて泣きながら原稿を書いていたときなんですね（笑）。そのとき、阪神・淡路大震災で倒壊した建物に「全壊」という標《しるし》を付けながら瓦礫のなかを歩き回った一六年前の記憶がかなり鮮明によみがえってきて、もう一度原稿を読み直して、このままでいいのかなと考えました。結論から言えば、広井さんの話に近いのですが、これから取り組んでいかなければいけないことを加速させた出来事だと思ったので、ほとんど手を加えないまま三月二〇日くらいに脱稿したという流れだったかと思います。松隈さんと同じく、僕も阪神・淡路のときには、建築やモノをつくることをこれからも続けていっていいのかなと感じました。モノをつくってコンペに参加していた人間が、そのときから道を踏み外してだんだんモノをつくらなくなって、その成れの果てがいまの僕の立場です（笑）。しかし一方で、建築やモノをつくる人たちがどれだけ考えたり苦労して空間をつくっているかということについてもひととおり経験したつもりですので、コミュニティが大事だからモノづくりは二の次だというような単純な二分化はしないように肝に銘じています。

それから3・11以後の取り組みについてですが、中山間・離島地域ではすでに二〇年も前から人口減少が進んでいて、あまり紹介されていないことですが、じつは諸課題についてひとつひとつ乗り越えている人たちがいるわけです。そうした中山間・離島地域での取り組みを、3・11後の東北にもきちんと引き継いでいかなければいけないと思ってます。小学校が統廃合された場合はどうなるのか。さらに人口が減ってガソリンスタンドのような施設がなくなっていったときにはどうするのか。どんなに過疎化が進んでも郵便局というのは最後まで残ってくれるのですが、その郵便局までなくなったとき、地域にどう影響が出るのか。この二〇年間、中山間・離島地域ではそれをどう乗り越えてきたのか。そこにはものすごく有益な知見があると思ってます。そのこともふまえて3・11以降の東北、あるいは日本全体といってもいいかもしれませんが、コミュニティデザインの立場から今後やるべきことが三つあると思っています。

ひとつは被災した人たちが家の外に出てくる良質な理由を誰かがデザインしなければいけないという点です。家のなかに閉じこもってしまって誰とも話したくないという精神状態のなかで、でもやっぱり家の外へ出てあの人に会いたい、一緒になにかやりたいと思えるような理由を、物理的なものでもそれ以外の理由でもいいですが、デザインしなくてはいけない。阪神・淡路の後は、ご存じのとおり三年で二〇〇人以上の孤独死が発生しました。これは外に出てきて誰かと会って、「あの人は出てきてないけど大丈夫だろうか」とか、「あの人がそういうことをやるんだったら私も出てみようかな」と思えるような理由を、なかなかそこにつくれなかったことが問題だったのではないかと思っています。仮設住宅や避難所に移ってバラバラになった人たち同士が、新しい関係性、つながりをつくるための理由を誰がデザインするのかということは非常に気になっていることですし、自分がやらなければと思っていることです。

二つ目は、先ほど広井さんから宮城県の復興会議で計画を立てているというお話があり

山崎亮　1973年愛知県生まれ。コミュニティデザイナー、studio-L代表、京都造形芸術大学教授。地域が抱える課題を、住民が自らの手で解決できるように導くコミュニティデザインを、都市から限界集落まで、さまざまなコミュニティで実践している。主な著書に『コミュニティデザイン』（学芸出版社）、『都市環境デザインの仕事』（共著、学芸出版社）などがある。

ましたが、今回の復興計画の枠組みは、できるだけいい加減でとどめてほしいと思っているんですね。東京の専門家が最後まで決めてしまったら、地域の住民はハイハイ従うだけのお客さんになってしまう。たしかに大きなフレームで考えなければいけないことはたくさんありますが、最後はそこに住んでいる地域の住民が自分たちの進むべき方向を決めないと、日本の社会はずっと変わらないのではないかという気がします。

これについては総務省の集落支援員がここ五年くらいさまざまな実践をしています。僕たちも島根県の海士町で七人の集落支援員を育成しています。この七人が一四の集落に入り込んで、住民とともに集落の将来ビジョンについて話し合っています。集落支援員一人で二つの集落を支援することができますので、うちの事務所の研修を受けた集落支援員がいままさに集落に入り、四〇年後の集落の状況を示しながら「いまやるべきこと」について話し合っています。まだ健康な集落から数人しかいない集落まで、現状はさまざまです。

すでにお墓を整理して平場へ降りていった人たちもいます。これを外部からひとくくりにして「この地域の集落はこんな復興計画で」と言われてしまうと、実情に合わないことがたくさん生じてしまうでしょう。なにより、集落に住む人たち自身がアクションを起こすきっかけにならない。自分たちで決めて自分たちが動くというのが基本だと思います。だからこそ、復旧復興のプロセスでは、ハード整備の予算だけでなく、ソフトに関する予算もしっかり計上し、各集落に入る人の人件費を積み上げておくべきだと思うわけです。被災集落が五〇〇集落だとしても、二五〇人の集落支援員がいれば住民とともに丁寧な話し合いができる。集落ごとの復興計画を自ら作って実行できる。そのための予算は、若手の集落支援員が年収二〇〇万円で働いてくれるとしたら五億円です。毎年五〇〇〇億円ずつ復興のハード整備に使うのであれば、その消費税の消費税分以下の金額できめ細やかな「心の復興」ができるわけです。

最後に三点目ですけれども、支援する側のコミュニティをデザインしなければいけないと思います。3・11が起きた後、デザイナーや建築家は「あれやります、これやります」と手を挙げましたが、その人たちは次に地元の役場に「現状はどうですか?」「なにに困ってますか?」と電話するわけですね。役場からすると「またその電話か」という感じで、対応に追われてしまう。支援する側である程度、なにができるのかということを取りまとめてから現地に入っていくようなコミュニティのデザインをしないと、ほんとうの意味で東北に貢献できるとはいえないのではないか。『震災のためにデザインは何が可能か』（共著、NTT出版）というタイトルの本を出していたこともあって、僕のところにも震災直後に一五件ほど「東北で一緒にプロジェクトをやろう」という呼びかけがあったのですが、いまはこれらをつなげて四件までまとめました。この四件だけを走らせることによって、現地の人たちに混乱を与えないような支援側のコミュニティデザインを心がけています。

松隈　私も阪神・淡路大震災のときに当事者として経験したことですが、日常的に暮らす街（地元）に関わっていない建築家をはじめとする専門家が急に何かをしようとしても、結局は何もできません。非常時への対応は日常性の延長線上にしかないと言うことです。だから、よそ者は知ったかぶりをしないで、偉そうなことを言わずに、専門家を含む地元の方々が考える復興の手助けに徹することだと思います。

出直すために、問題を見定める

†流動的なコミュニティの難しさ
†日本は「寂しい社会」に向かっている
†「土地神話」からの脱却

藤村（龍）　いま山崎さんから中山間・離島地域と呼ばれるさまざまな問題を抱える地域が、じつは二〇年も前から今日の問題を先取りしていた。それをどう捉え、活かしていくかというお話がありました。そうした中山間・離島地域の抱える問題を「縮小する社会」というコンセプトで大きく捉えて、それをベースに国土の、あるいは都市計画のビジョンを考えようとしている建築家のひとりが大野秀敏さんかと思います。大野さんは今回の震災について、あるいは東北の復興のためにどのようなお考えをお持ちでしょうか。

大野秀敏　私は若干あまのじゃくなところがあるので、その点ご容赦いただいて聞いていただきたいと思います。さて、この災害が起きてから、私の場合は主にメディアを通して得たことにすぎませんが、それで思うことのひとつは、海外メディアなどでは日本人は助け合いの精神に溢れていてすばらしいと報道されたようですが、それに比べて政府はどうしてるんだみたいなことが言われました。ＮＨＫでやっていた「坂の上の雲」のなかで、

大野秀敏　1949年岐阜県生まれ。東京大学大学院終了後、槇総合計画事務所勤務。後に東京大学で研究、教育に従事。現在東京大学大学院新領域創成科学研究科教授。博士（工学）。専門は建築設計、都市設計。著書は『シュリンキング・ニッポン――縮小する都市の未来戦略』（鹿島出版会）など。建築作品には東京大学数物連携宇宙研究機構棟など。日本建築学会賞（作品）の他多数受賞。

ノモンハン事件のときにロシア軍が日本軍を見て、兵卒は勇猛果敢で優秀だけれど将は無能であると観察しているんだと司馬遼太郎はいうんですね。そうすると、どうも、日本は変わっていないなというのが正しいかもしれない。コミュニティ論は、ここでも盛り上がっていますが、若干そういうところがあるのかなと感じています。

現代社会においてコミュニティを考えることの難しさは、先ほど家成さんが、地縁社会にもとづかない流動的な互助的関係を築きたいとおっしゃっていましたが、まさにここにあると思うのです。われわれベビーブーマーの世代までは、地縁社会を引き受けて地元に残るか、嫌って大都市に出るかというのが、日本の青年の基本的な進路選択であったと思います。そして少なくともサラリーマン家庭の子弟においてそれが当然と考えられていた。日本の近代的自我はそういう風に築かれてきた。そうである以上、容易にかつての地縁社会には戻れないと、少なくとも日本人の多くが考えている。ところが一方で、互助的関係というのは、互酬性という言い方がされたりしますが、ある種の見返りを前提に成立している。ここで町内の人の世話をしたから、次に町内会は自分の家の葬式のときに来てくれる、というような具合です。長い時間のなかで、最終的に貸し借りが精算される。それを流動的なコミュニティでどうやってつくるのかということに関しては、地域通貨などの実験はありますが、まだまだ確立した方法ではないわけです。震災の後、日本人の助け合いの精神はすばらしいと海外メディアから褒められましたが、たしかに略奪などはあまり起こらなかったことは驚嘆に値するのでしょうけど、一方、こういうときには世界中どこでも助け合ってますよね。それは人間の自然な感情の発露として起こることだと思うのですが、そのことと頼りになるコミュニティを流動性の高い社会のなかでつくれるのかという話は少し別の問題ではないでしょうか。実現するとなるとなかなか簡単じゃない。そこにはそれなりの仕組みがいるだろうと思います。建築の形態だけでコントロールできることなのかということさえ僕にはわからない。

それから山本さんがお話しされた「一住宅＝一家族」モデルの問題ですが、みなさんご承知のこととは思いますが、現実はある意味ではさらに先に行っているのかもしれません。じつはすでに二〇〇六年には、日本の総世帯のなかで、夫婦と子供の世帯の数が単身世帯の数を下回っています。いまは世帯人数で言えば、単身世帯がいちばん多いんです。去年

（二〇一〇年）の一月にNHKスペシャルで孤独死三万二〇〇〇人という特集（「無縁社会」）があって、話題を呼んだのでご記憶されている方も多いと思いますが、孤独死の人数を聞いても僕はあまりびっくりしなかったんです。一億三〇〇〇万人もいれば孤独死する人が三万人いてもおかしくないと。むしろ、僕は最後のナレーションに驚いたんです。それは、二〇三〇年には日本人の男性の三人に一人、女性の四人に一人が生涯独身であるというんですね。それ以来、僕は日本が「寂しい社会」に向かっていることを非常に意識するようになりました。「寂しい社会」化は日本だけかと思っていたらそうでもないんですね。アメリカで『ボウリング・アローン』（ロバート・D・パットナム『孤独なボウリング』）という分厚い本が出ていて、ボウリングを独りでするような寂しい社会がひたひたと押し寄せていると書いている。ですから「一住宅＝一家族」で暮らせる人はすごく幸せで、生涯独身が世帯数にして三四〜三五パーセントになるような「寂しい社会」がこれからの日本に待ち受けている。それにどう対応していくのかと考えるべきだと思います。

今回の震災では、先ほどもリーダーシップのあり方で、政府の対応が昔から変わっていないということが暴露されたと思っていますが、都市政策でも旧態依然の発想が目立ちます。被災地でPFI（Private Finance Initiative。公共サービスを民間の資金で行なう方法）で公共施設整備を行なうということが報道されていました（四月三日）。ＰＦＩは施設ありきの手法ですが、こういう社会構造が激変するところでは、どんな施設が必要かから議論しなければならない。また、ＰＦＩは地元の企業には参加が難しいということも難点です。あるいは、被災地の商業地域を買いあげるとか、公営住宅をつくって五〇〇〇万円で払い下げますとか、そういうことをあいもかわらず言ってるわけです。ようするに「一住宅＝一家族」も問題かもしれないのですが、それ以上に地価が上がり続けることを前提に含み益を織り込んだ都市政策しか思いつかないことのほうがもっと大きな問題なのではないかと思うのです。なぜかというと、一住宅に一家族という閉じたシステムでは、高齢家族の世話などをやっていけないことはその通りですが、多くの人々が同時に、「一家族＝一住宅」の意味を積極的に認めてもいることも事実です。個人が土地を、責任を持って管理することは、自己実現の上でも、都市空間の管理にとっても必ずしも悪いことではない。それぞれが責任を持って管理するからこそ、個性的で豊かな都市空間が生まれるということがあります。また二〇世紀にソ連や中国、あるいはイスラエルなどで行なわれた家族の解体と集団生活という実験の失敗からどう学んでゆくのかということも課題でしょう。ちょっと話がそれたのですが、土地が値上がりするということに立脚した都市政策、住宅政策こそ、日本のコミュニティを破壊している元凶だろうと思うのです。災害でいわば土地の価値が下がっているときにまで、土地神話的な政策を持ち出すことはどうなんでしょうか。
いずれにしろ、こういうことが起こると日本では、総懺悔してしまうわけですよ。みんな悪かった、すべてを変えて出直しだと。しかし、出直すためには、いま何がほんとうの問題なのか見定める必要がある。その真犯人をきちんと特定することがわれわれに課せられた責務なのではないか。そういうことをみなさんのご発言を聞いていて思いました。

藤村（龍）　互助的関係というのは往々にして見返りを期待している間社会的関係が前提としてあり、それを実際に社会のなかに活かしていくには仕組みがいるという大野さんからの「振り」がありました。これはおそらく後のご提案につながっていくと思いますので、ご発言に期待したいと思います。また、三人に一人が生涯独身であるという事例を出して「寂しい社会」について言及されましたが、これについても大野さんはビジョンを出していらっしゃいますので、後ほどコメントいただきたいと思います。さらに最後の、これまでの都市計画というのは、地価が上がり続けていくことが前提になっていた。この仕組みを変えていかないと悪循環を断ち切れないというお話がありました。これは前半、山本さんの問いかけに対して松原さんから構造的な解説をしていただきましたが、空間と経済の問題をどう考えるかという重要な問題提起をしてくださったように思います。

消防隊員が八〇歳になる!?

†「モノ」から「コト」の時代へ
†社会は、子供が産まれないと持続しない

藤村(龍) ひととおりパネリストの方々から論点を出していただけたかと思います。いままでの話を受けて、三浦さんからコメントいただけますか。

三浦展 第一部にもましてさまざまなテーマが出ましたが、ほとんどの聴衆の方は第一部から聴いていると思うので、それをふまえて話したいと思います。若い方はご存じないと思いますが、私は三〇年前からマーケティングの仕事をしていて、とくに一九八〇年代はパルコで雑誌をつくっていて、毎月、消費社会の最先端をいち早く捉まえて情報化するという仕事をしておりましたので、個人的には二〇年以上も前に消費にすっかり飽きたんですね。「消費社会の墓碑銘」というタイトルの特集を組んだほどです。それから二〇年経ってみると、ほんとにみんな消費に飽きてきていて、そのあいだに二つの震災があったわけです。

図６　課題に対しての建築・建築家の可能性が語られた（第二部）。

とくに今回の震災は津波によって大量の車と家が流されました。車と家があれだけ流されたのを目の当たりにしたら、もうモノを買う気がなくなるだろうなと思いました。これから家を買うはずの三〇代くらいの人は、阪神・淡路大震災のときに子供だった世代ですから、ますます買わなくなるわけですよ。だからモノじゃない。とくに若いパネリストの話を聞いていると、やはり重要なのはコトだなと思う。そのコトというのはなんなのか。それは家成さんの言葉で言うと「互助的な関係」ということになるのかもしれないし、永山さんが言うように、地縁や血縁がなくてもツイッターのようなメディアがそのコトを促進している部分はあるかもしれない。

ただ、そういう流動的な人々の助け合いに関してひとつだけ疑問に思うのは、助け合えれば独りでも生きていける、だからずっと結婚しなくてもいい、子供も産まなくてもいいやとなっていくと、大野さんがおっしゃるように生涯独身率が三割、四割になる。すると、その社会はもう持続しないじゃないですか。結局みんな最後には死んで、人口問題研究所の推計では、三〇〇〇年には日本の人口が二九人になるという予測もあるわけです。あるいは、三〇〇〇年まで待たなくても、二〇五五年には日本の人口でいちばん多いのは八一歳になるというデータもある。藤村さんや家成さんの世代が八〇歳くらいになっているわけですね。そうなると、火事になっても消防隊員は八〇歳で警察官は七五歳とかね。震災が起きても自衛隊員が八五歳とか、そういう事態が起こりうる。それでこの国は大丈夫かなと思うんですね。

だから持続可能といっても、環境だけ持続可能ではしょうがない。子供を産んで育てるという部分で互助的で持続できないと、結局その社会は消えてしまうんですよ。山本さんの「地域社会圏モデル」でも、いまの日本の平均的な人口分布を当てはめているでしょう。でも、いまの日本の社会モデルをそこに当てはめたら、いつかゼロになってしまうじゃないですか。子供を産む人が現在の日本より増えないと、せっかくのすばらしい地域社会圏モデルも消えゆくのみですよね。そこのところを僕は考えないといけないんじゃないかと思ってます。

藤村（龍）　火事が起きても消防隊員が高齢者であるというお話がありましたが、私が生まれ育った東京郊外は最もそうなる確率が高いと言われる地域です。一九八〇年代に団塊世代と呼ばれる人たちが大量に郊外に家を買っていった。そうやって広がった都市構造がどのように持続していくかは、非常に重要な論点だと思います。そのことについては後ほど議論していきたいと思います。

「使うこと」から「つくること」へ

- †優れた建物なのに地域に残せない
- †私たちは景観を曖昧にしか覚えていない
- †まちづくりから生まれるコミュニティ
- †建築家の仕事は、きっかけをつくること
- †「よそ者、若者、バカ者」からはじまる
- †コミュニケーションの下部構造をデザインする

藤村（龍）　ここで具体的な事例をもとに、復興や震災に対するアクティビティをどう考えていくのかを議論していきたいと思います。松隈さんは震災のご経験から建築だけをやっていていいのかと実感したとおっしゃいましたが、そのなかで建築家はどのようなスタンスで建築と向かいあうべきなのか。ご意見をお聞かせいただけますか。

松隈　写真（図7）は明治生まれの建築家、武田五一が設計した「芝川邸」という住宅です。建物は西宮にあったのですが、阪神・淡路大震災によって半壊しました。写真はそのときの様子を写したものです。持ち主の方はこの住宅を大切にしていて、なんとか残したいと考えていたのですが、その場所に残せないということになった。それでどこか移築する場所がないかという話が竹中工務店のルートで私のところに来たんですね。最終的には当時、明治村（愛知県犬山

図7　大阪の唐物商・芝川又右衛門邸として、明治44年に建てられた。震災に遭ったあとの様子。

図８　博物館明治村に移築された芝川邸。屋根の一部とともに失われた煙突（図６）も、見事に修復され、往時の面影を甦らせた。

市）の館長をやられていた村松貞次郎さんが決断されて、移築することになった。次の写真（図８）は二〇〇七年に明治村のなかに移築が完成したときの写真です。

このことがなにを物語っているかというと、建物を現地に残せなかったということです。ある場所で歴史を刻んできた建物が移築せざるをえなかった。なぜ残せなかったかというと、もちろん地震で半壊したこともあるのですが、そこには相続税の問題までもが絡んでいます。最終的には所有者が自分でお金を出してどうにか移築が実現できたのです。それくらい日本では優れた住宅を守るということができない法体系になっているのです。

それからもうひとつ、このときに思ったのは、建築の設計をやっている人間が、身近にあるこれだけすばらしい建築を知らなかったということです。われわれはこの「芝川邸」

の存在すら知らなかった。もちろん個人の住宅ですからなかなか目に触れる機会も調べる機会もないのですが、武田五一を代表するような建物がありながら、震災があってはじめて知り、実測をしなければいけないという状況なわけです。実際に優れた建物を見て、なぜもっと早く知らなかったのかと強く感じました。そのときに住宅の問題、税金の問題、文化財の問題などが絡みあって私のなかで記憶されたんですね。

東日本大震災に遭遇した東京ではそういうことはほとんどないですが、神戸では大震災によって建物が急になくなるということが至るところで起こりました。街の真ん中でも倒壊した建物がたくさんありましたが、崩れ去った瓦礫の山を目の当たりにしても、そこになにが建っていたのかすら思い出せない。まったくの記憶喪失状態になってしまうわけです。われわれは建築に対して、あるいは都市の景観に対して、それくらいいい加減な記憶しか持ってないんですね。建物や景観が失われてはじめて、そういうものをまったく知らずに過ごしてきたと知るわけです。建築物や都市は、われわれ人間の生息環境として、「自覚する・自覚しない」、あるいは「良い・悪い」は別にしても、日常的に大きな影響を与え続けています。しかし、現代に生きるわれわれは、そうした都市の環境をあまりにも自覚しないで日常を過ごしているのです。街というのがいかに脆弱にできているか、そして知らないことがいかに多いのかということを神戸の大震災では痛感させられました。

藤村（龍）　いまのお話は最初に山本さんに挙げていただいた四つの論点のうち、共同の記憶としての風景という論点に深く関わるお話だったかと思います。最後のほうで建物が急になくなるとどうなるか、人々が記憶を喪失してしまうというお話がありましたが、たしかに日本の都市は区画整理にしても地区再開発にしても、建物が物理的な形を失ってしまうことが非常に多い社会システムを持っているとも言えます。そういうコンテクストのなかで、最近は新しい建物を建てるだけでいいのかということが、大っぴらに問われるようになってきました。その流れで家成さんにお話をうかがいたいと思いますが、住宅とコミュニティの関係、あるいはコンテクストや風景との関係に対してどのような考えをお持ちでしょうか。

家成　スケールの大きな建築というのは、私はやっていないので住宅くらいのスモールスケールで考えているのですが、今回の原子力発電所の問題にしても代替エネルギーの話にしても、技術というものが僕らの身体からずいぶん遠いところにいってしまったな、という印象があるんですね。使っている技術が複雑すぎるとか、高度な技術でつくったけれど自分たちで壊すことすらできないとか、そこにはさまざまな問題があるような気がします。

住宅にしても、三五年ローンを組んで一生ローンを払い続けるような住宅のあり方があまりいいとは思えないなかで、身近にある技術でもう少し簡単につくることができる建築の仕組みがないか考えています。設計者が住む人と話し合いながら設計していくこともちろん大切ですが、住まい手のほうも使っていくなかでその住宅について熟知していき、自分たちの手である程度、更新や改築をしていけるような仕組みをつくることはできないか。設計者にしても一度設計したら終わりではなく、住んでいる生活者の手伝いをしながら、その小さな住宅の更新に関わっていくことはできないだろうか。そういったことを思うんですね。住宅とコミュニティの関係においても、コンテクストや風景の問題にしても、人が介在しない風景というのは、私たちの周りにはありません。コンテクストや風景は人がつくっています。現在私たちの周りにあるものは、既製品として与えられるものが多い気がします。既製品というのは、それ自体で完結していて、どこか関係性をつくりにくい。既製品を与えられるということだけでなく、自分たちでつくっていく感覚というのは、どこか他のものとの関係性を構築していく作業につながる気がしています。

話は変わりますが、この前、大阪のカタシモワイナリーというワイン農場に行ったのですが、そこで驚いたのは、働いているのはほとんどパートの女性たちなのですが、彼女たちはワインをつくるすべての工程を熟知していたんですね。彼女たちは、お昼休みには洗濯物を取り込みに家に自転車で帰りますし、子供が保育園で熱を出せば自転車で子供を迎えにいくらしいです。つまりなにかをつくり出すことの専門性はあるにせよ、その専門性を身につけながら生活とも関わりを持つことができるという例かと思います。また同時に斜面地に広がるぶどう畑の下には古い民家と入り組んだ路地からなる小さな集落が広がっています。ワイン農場を経営しながら、その民家の保全と町づくりにも積極的に関わっていました。つくることと、生活することと、町の風景がすべて同じ地平で地続きに実践されているよい例だと思います。

また別の事例ですが、私の事務所は大阪の南端、住之江区の北加賀屋というところにあります。北加賀屋は、高度成長期に造船業で栄えましたが、造船業が衰退すると同時に、板金工場や家具工場などの撤退があいつぎ、空き家が増えました。そこを駐車場にしても町が寂しくなるだけなので、その工場の跡地を上屋ごと所有している会社が、若いアーティストやデザイン系の仕事をする人に、上屋を改修する初期投資をせず、借り手自身に改修してもらう前提で安く貸しだしました。そのひとつの家具工場跡に私の事務所はあるのですが、「コーポ北加賀屋」と名付けて、活動が異なる六つの団体でシェアしています。そこには各入居者のスペースの他に、一五〇平米程度の共有スペースが二つあります。リーダーは不在でして、自治会をつくって、月に一回、必ず入居者が集まってミーティングをして、その場の運営方法を皆で決めていきます。自分たちで廃材でつくった共有のキッチン・バースペースもあります。現在もギャラリーが改装中ですが、皆が時間のあるときにコツコツとよりよい状況をつくるべく身近な技術を使って、空間とその運用にアプローチしています。一〇年後にはこうあるべきという明確な青写真をあえて用意せず、日常的にやるべきことをやる延長線上に描かれていくことに興味があります。これからは地域とどう関係性を築いていけるかが重要です。

話を元に戻すと、高度な技術や高度な専門知識によって計画された空間と、そこで生活する人の振る舞いは必ずしも同じではありません。日常的な空間とは、生活している人があらかじめ用意された図式を乗り越えて違った使い方を実践し、より自分やまわりの人にとって使いやすく改変していく空間だと思います。関係性を構築しながら他者と協働していく行為は、常に予見不可能生や不確実性につながっています。それは、その改変行為自体が開かれていることを意味しています。風景に関してもスクラップ・アンド・ビルドはダメだと思いますが、すべてがずっと固定されて止まっている状態もよいとは思いません。工夫しながら守るものと、生活に寄り添うように使用者自身が改変していくものが共存する状況が風景やコンテクストをつくっていくのではないかと思います。

建築家の関わり方として、最初に提示する計画やビジョンも大切ですが、これからは生活する上ですでにさまざまな実践をしている人々から学ぶことも大切ではないでしょうか。設計者と使用者という明確な分け方にも疑問がありますが、もうひとつは使用者に対して、いまあるものを受け取るだけではなく、タフに、いまあるものを改変していくよう伝えていきたいですね。三浦さんのお話で、家や車が流されたというときに誰が家を買うのかとありましたが、「家を買う」というところから「家をつくる」という観点に切り替えてみると、事態は変わってくるのではないか。以前被災地に行ったとき、とある人の話を聞きました。その人は沿岸部の海から二〇メートル位のところに仮設便所付きの小さなプレハブをアトリエとして使っていました。この度の震災で津波に流されてしまったわけですが、流されても全然大丈夫だと言っていました。探す気もしないと。建物に関してはローンが残ってないし、もとから小さなプレハブだったこともあり、また場所を探せばいいと前向きでした。建築が流されても、またつくればいいとかまた探せばいいと言えるほど、建築がある意味で軽いものであるのもいいと思ったのを思い出しました。また、消費を目的に子供をつくるというのはなかなか難しいかもしれませんが、なにかをつくるということが、つくったものや、つくるための技術を共有したり伝えていくということが前提としてあれば、やや強引ですが暮らしのなかでやはり子供は必要だ、コミュニティは必要だというように変わっていくのではないかと思うんです。ひとりではなかなか難しいですから。

藤村（龍）　いま家成さんから家を「買う」のではなく「つくる」という観点から、住まいの空間をどうやって取り戻していくのかというお話がありました。いまの話というのは、先ほどの山崎さんのコミュニティデザインの観点から三つのご提言がありましたが、そのなかの二つ目の話ですね。計画の枠組みを考えるときにいい加減にとどめておく。最後は集落の力でやらないと住民がお客さんになってしまうんだという話と関わってくるかと思います。これは一九九五年以後の文脈で言うと、二〇〇〇年前後に地方分権ということがさかんに言われて、なるべく多くの意思決定を地元や現場でやりなさいと。そういう大きな流れが日本の社会のなかであったわけですが、その意思決定自体はスムーズにいっているところと、いっていないところがあるわけです。そういう現場を山崎さんはたくさんご存知かと思いますが、住民の人たちが自分たちの力で物事を決めていくときに、障害になったり阻んでいるものがあれば教えていただけないでしょうか。

山崎　家成さんみたいな建築家が出てきたら僕たちもやりがいがあるなあと思いながら話を聞いていました。これは「使うこと」と「つくること」の関係につながる話ですが、たとえば建築家の介入なしに、いきなりある家庭で奥さんが家を建て替えようと庭に一本の柱を立てはじめて、旦那さんが賛同してそこに壁を張りはじめる、というようなことはありえないですよね。集落も似ているんですね。突然、ある住民が「新しい集落の復興計画を俺がつくるんだ」と言いはじめても、まだまだしがらみや地縁・血縁の力が強くて、「町内会長さんがやらないのに私から声を上げられない」といったような人間関係がまだ根強くある。ですから、なにかのきっかけ、みんながつくりはじめる理由をつくってくれる外部の人間が必要になってくる。そのような人が地域のなかから自然発生的に湧き上がってくるというのは、現実的になかなか難しいと思います。そういう意味では、住宅をつくるきっかけとしての建築家、何かを提示するのだけれど、しかしすべてをやり尽くさない、つくりすぎない、そういう節度をわきまえた建築家が必要なように思います。

それともう一点、三浦さんが消防隊員が八〇歳というような事態が起こりうるという話をされましたが、会場のなかには「そんな未来が来るの？」と驚いた顔をしている人がたくさんいました。僕はそのことに逆に驚いたんですね。たしかにそういう事態はやってきます。僕が一カ月のうち三分の二以上過ごしているのはそういう村です。集落のいちばん若い人と会ったら六二歳だったなんてことはざらで、ツイッターをやっていて電波が入らないと文句を言っている僕などは、宇宙人を見るような目で見られる。そういう二〇年後、三〇年後に都市部も経験するであろう状態をすでに経験している地域は日本全国にあるわけです。日本がもし人口減少の先進国であり高齢化社会の先進国であろうとするならば、二〇二〇年から人口が減ると言われている中国や二〇一五年から人口が減りはじめる韓国に対しても大きなビジョンを示せる、そういうネタを日本の中山間・離島地域はすでに持っているはずなんですね。ところが、そこには声を上げてキックスターターとなるような若い人や外部の者がいない。よく言われる「よそ者、若者、バカ者」がどこの集落にもそろっていないので、これから消えていくしかないという状況なんです。そこには集落独特の農歌舞伎などの人をまとめるための文化があったり、水の管理の方法があったりするのですが、そういった三〇年後にどこかで応用できるかもしれないさまざまな技術が、すでに全国一三〇〇の集落とともに消滅してるんです。そこをうまく引き出してきっかけを与え、「自分たちでできることは自分たちの力でやりましょう」と働きかけるような、家成さんが言うところの「アーキテクト」像が集落を復興するときにも必要になってくるんじゃないかという気がします。

藤村（龍）　いま「アーキテクト」とカタカナでおっしゃいましたけれども、それは建築家の英訳としてのアーキテクトではなく、人々のコミュニケーションの下部構造に介入してデザインする、そういう建築家のことを「アーキテクト」とおっしゃっていたのだと思います。それは集落の問題だけでなく、東京や東京の郊外でもすぐそこに来ている現実ですね。われわれの多くは気づいていないけれども、もうすぐそうした社会がやってくる。そのときにいちばん困るのはわれわれの世代で、これからどのような意思決定を行なっていくか、ということを考えなければいけないのも、われわれの世代ではないかと思っています。

再分配の仕組みを考える

†若者震災復興支援隊
†ニューディール政策の落とし子――アメリカ国立公園のレンジャー
†行政区分を越えて地域を考える
†秩父と江戸湾／福島と東京

藤村（龍） ここで東京と地方の関係、そこに関わる若者の関係について広井さんにうかがいたいと思います。

広井　今回の震災では、先ほども言いましたように、東京などの大都市圏が物質循環において地方の農漁村に強く依存し、食料やエネルギーを本来の価格よりも安く調達するというような構造が明るみになりました。これは先進国と途上国の関係と基本的に同じだと思うんですね。そして、こうした東北の多くの地域では人口減少、若者の流出が進んでいるわけです。したがって、大都市圏から農漁村に対する再分配を考える必要があると思います。

再分配のやり方にはいろんな方法があると思いますが、ひとつの提案として、若者震災復興支援隊というようなものが考えられないかと思うんです。いま被災地では多くのボランティアが活動していて、これは非常にすばらしいことだと思うんですけれども、私がひとつ危惧するのは、結果的にそれがある意味で若者を搾取するという結果になってはいないかという点です。そうしたことをふまえて、若者震災復興支援隊というような政策を考えるべきではないかと。具体的には、被災地で復興関連の活動をしている若者に対して月一〇万〜一五万円くらいを支給する。それに関する事務は被災地の自治体が窓口になって行なうと。規模としては数百億円の予算です。こういった政策を考えるべきではないかと思います。それを最終的には東北に限らず全国に広げていくべきではないかと考えています。そういった政策を通じて、大都市から農漁村に対する再分配ということを進めていく必要があるのではないかと思っています。

三浦　第一部のほうで、島原さんが復興とはなにかという問題提起をされていました。全部もとに戻すのか、そのために一六兆九〇〇〇億円というお金をかけていいのか。すでに人口の三〜四割が高齢者である地域がある。二〇年かけて復興したら高齢者率は五〜六割になっている。さらに二〇年したら多くの人が亡くなっているかもしれない。すごくドライな言い方をすると、そういう地域にどのくらいの投資をするのが適切なのか。これは冷酷な言い方に聞こえるかもしれませんが、考えないといけないことです。

もうひとつ、いま広井さんが再分配という話をされましたが、たんに一六兆九〇〇〇億円を注ぎ込んで復興しようというだけでは、再分配にならないと思うんですね。ほんとうに必要なのは、広井さんが指摘されたように若い力です。お金やモノだけでなく、人やコトを今後地方に再分配していくような仕組みを考える必要がある。たとえば、被災地に支援に行ったら、東北というのはこんなに魅力的なところだったのかと。地縁・血縁がめんどうくさいと聞いていたけれどそうでもないなとか、むしろ支援に行ったらそのまま定住して、そこで結婚して子供を産んでいたというくらいにならないと復興にならないと思うんですよ。もともと高齢化していたり地域の経済力が弱いところですから、もとの水準の一〇〇に戻すというだけでは不十分で、一二〇か一三〇くらいに底上げするつもりでないと、結局三〇年後になくなってしまうわけですね。若い人を中心に人口が三割くらい増えていないと、長期的には復興にならない。これは山崎さんがおっしゃった、中山間・離島地域には「よそ者、若者、バカ者」がいないという話とも絡んでくると思いますが、若い人が来てもすぐに帰ってしまうようでは意味がないわけじゃないですか。「俺が復興させた街だから、そのまま居ついて見届けてやれ」と若い人が思えるような、そういう仕組みが必要だと思うんです。

山崎　おっしゃるとおりだと思います。それに関連する話で、このあいだ産経新聞にルーズベルト大統領が一九三三年にやったニューディール政策について書いたんです。「ニューディール」というのは「もう一度配り直す」ということ、つまり再分配ですね。ニューディール政策というとダムをつくったという建設業のほうが有名ですが、じつは同時期に中山間・離島地域に若い人がどんどん入っていって、一〇年間で三〇〇万人の若者に木を伐ったり環境保全の仕事をさせているんです。それで、彼らはそのまま地元の娘たちと結婚して住み着いたりしている。

その流れでいまだに続いているのが、アメリカ国立公園局のレンジャーですね。レンジャーはニューディール政策が終わったあとも国家公務員として抱えられていて、いまでも二万人がアメリカ全土で働き続けています。国立公園のなかで案内役をしたり、インタープリターと言われる自然環境を解説するガイドになったり、レッドデータブック（絶滅危機種の野生動物をリスト化した本）に載ってるような動物を獲りに来る密猟者がいたら逮捕する権限まで持っていたりする。一方、日本のレンジャーは何人いるかというと二四〇人しかいないんです。アメリカは二万人で日本は二四〇人。日本の国立公園でもハードの整備は進んでいますが、その消費税分ほどもソフトに予算をつけていない。ことほどさように、農村整備もまたハード偏重で進んできました。道路を通す、橋を架ける、文化会館や公民館を建てる。そういうことには予算をつけてきたけれども、「よそ者、若者、バカ者」が地域に入っていってどういうことができるのか。そして地域に住み着いてどんな生活を新しく生み出すのか。そういったソフトの部分がまだまだ考えられていない。ですから、若者が集落に入って、七〇代、八〇代の人たちと一緒になって新しい地域のビジョンを見せていくことができる仕組みをつくるというのが、今後一〇年かけて取り組むべき政策ではないかと思っています。

山本　先ほど三浦さんがおっしゃった消防隊員が八〇歳という例は挑発的な話だと思った

のですが、いまの住宅の供給システムでは、もう子供を育てる環境はつくれないですよね。「一住宅＝一家族」というのは、たしかに幸せ家族をウリにしてきましたけど、一方で供給サイドにとってはすごく都合のいいシステムで、基本的に住宅のなかにいる人たちが自分自身ですべてメンテナンスをするということが前提になっている。さらに言うと、そのメンテナンスというのは、子供の世話から高齢者の世話から炊事洗濯に至るまで、基本的に女性の仕事だということになっていた。いままでの「一住宅＝一家族」システムというのは、そういうわれわれの倫理観や感性とともにあったわけです。ということは、いまの社会システム全体を考えると、「一住宅＝一家族」でなくなってしまうと非常に困る。さまざまな社会の矛盾が家族のところでなんとか持ちこたえていたわけですね。それが一世帯あたりで二人になってしまうと、内側でメンテナンスすることができない。もちろん子供を産んで育てることもますます難しくなる。子供を産むためにはその子どもを育てる環境が必要です。それが「一住宅＝一家族」という環境であり、システムであったわけです。幸せ家族を前提とする限り「一住宅＝一家族」がそれを支えていたわけです。

もともと51Cという間取りモデルは、プライバシーの高い部屋をつくろうとして考案されたものです。そこでは子供部屋と分離した夫婦寝室が「愛の部屋」として独立していて、それが当時はすごく幸せだったわけです。それで子供は増えたわけですね。しかし、そうしたシステムが崩壊して、自分たちで自分たちのメンテナンスができなくなったときに、これからどういう住宅を供給するんだということも含めて考えていくべきだと思うんですね。たとえば、フランスは出生率が増えているんです。あそこは結婚という制度そのものが形骸化していて、子供が産まれても、それが法的に認知された夫婦から産まれた子供か、日本では私生児と言われるような子供か、区別がない。戸籍がないですからね。そういう全体のシステムを変えていくような制度を考えていかなくてはいけないのだけれど、われわれはそれを待っていられないので、じゃあ建築家側で何がやれるかってことだと思うんですよ。

それともうひとつ、「地域社会圏モデル」の地域という話ですが、たとえば昔の江戸湾の漁師たちというのは、秩父から流れてくる荒川が山あいの豊かな栄養を含んでいることを知っていたんですね。秩父の夜祭の際には、漁師たちは神社に寄進していたという話を聞きました。森と海と川とのエコロジカルな関係ができあがっていたわけです。そういう関係はいまでもあると思うのですが、いまの行政システムはその地域を行政のセクト主義に都合のよいように切り刻んで、職業組合ごとに補助金制度をつくっています。それは地域社会というよりも、漁協、農協というような生活生産組合から、河川や道路やエネルギー網などの都市インフラに関わる土木工事の受注システムに至るまで、すべては行政のセクト主義によって切り刻まれています。そしてそれが行政区分によってもう一度分割される。そこには地域社会をひとつのまとまりとして見る目はないと言っていい。むしろ、いままでそこにあった地域社会を壊す役割しか果たしていません。僕が地域社会圏と言っているのは、地域というものをどう考えるかということなんです。それはたんに地図上で線を引いて枠を囲うだけの地域という意味ではなくて、どのようにその枠組みをつくるのか、ということだと思います。いまの荒川沿いの話のように河川やその上流の山林や、その下流の漁港を含めてひとつの関係がつくられているという意識が決定的に重要です。そのためにはひとつの地域社会をどのような枠組みでつくるのか、そのひとつの地域社会は隣り合う地域社会と相互にどのような関係を持っているか、ということを同時に考えることなのだと思うのです。

　そういう全体の構造をつくるためには、われわれ建築家が地域社会をひとつの空間としてどうモデル化できるのかが重要になってくる。空間的に考えることによってはじめて見えてくることはたくさんあると思います。51Cの住宅を供給したときも2DKの住宅を供給したときも、それをみんな夢のようだと思ったと思うのです。だからみんなその「一住宅＝一家族」モデルに喜んで住んだわけですよね。繰り返しますが、われわれの責任において、いままでの「一住宅＝一家族」モデルに替わる、新しい住まい方のモデルを考える必要があると思う。震災が起きたから考えるというような弥縫《びほう》策ではなくて、震災と津波とそれに伴う原発事故による悲惨な状況は、いままでの私たちの考え方が根本的に間違っていたことを証明しています。それを認識すべきだと思います。これは一方で人災です。どのような特性を持った場所であったとしても、同じような手法で同じようなプロセスで開発しようとしてきたいままでの方法が間違っていたのだと思います。その開発の仕方は、私たちの日常生活の中心部分である「住宅」を経済成長のための単なる手段にするような方法でした。「一住宅＝一家族」という標準住宅のシステムをつくって、その当の住宅を民間のディベロッパーやハウスメーカーに丸投げして、それを前提にしてさまざまな場所を開発してきました。被害者の多くはそうした政策に従順にしたがってマンションや住宅を購入してきた住人たちです。開発の仕方や「一住宅＝一家族」という標準住宅の供給の仕方が全面的に否定されたのだと思うのです。ずっと前からわれわれが考えてきたことをもっと緻密に考えていく必要があるのだと思います。

藤村（龍）　郊外の「一住宅＝一家族」を前提とした住宅に育った私としては、その空間のなかで構造的な矛盾が起こっていて、将来的になかなか楽観できる状況ではないと認識しているつもりではありますが、それをどのように変えていくのかを考えるためには、構造レベルでの議論をしていく必要があります。

山本さんは秩父と江戸湾の漁場の関係について言及されましたが、それに似たものとして東京と福島の関係が考えられるかと思います。一九六〇年代から本格的に原子力発電所の建設や高度なインフラへの依存がはじまって、日本は農業国から工業国へとなっていったわけですが、そこでできあがってきたシステムがさまざまな構造的矛盾を起こしはじめた。それが一気に前景化したのが、今回の原発事故に代表される現在の状況ではないかと思います。それは家成さんがおっしゃっていたような、高度な技術に依存している現状を変えなければいけないという話にもつながってくるかと思います。

求められる新たなアーキテクト像

- †なんでも謝まって、責任を不明確にする日本人
- †公共サービスは無尽蔵でも一律でもない
- †空間の記号性を塗り替える
- †「アーキテクト」としての建築家

藤村（龍）　ここで先ほど大野さんがおっしゃっていた話に戻りたいと思いますけれども、「互助的な関係」にしろ「寂しい社会」にしろ、なんらかの仕組みが必要になってくるだろうと。それは単一の住宅を見ていても見えなくて、より大きな都市像であったり国土レベルでの問題につながっていくというご発言がありました。大野さんにこれまでの議論を受けてお話をうかがいたいと思います。

大野　昨晩、地震がありましたね。その一時間後くらいに帰宅で地下鉄に乗ったら、「地震で一時間ほど遅れました。心よりお詫びいたします」とアナウンスしてるんですね。これは日本の鉄道では普通なので、こういうときはいつもおかしいと思っているんです。東京メトロは電車を止めることによって安全確保をしたわけだから、本来なら「安全措置の結果として遅延していますことをご理解ください」と言うべきであって、謝るべきではないですよね。東京電力の社長にしても首相にしてもそうですが、日本の社会では何かトラブルがあるとすぐに「心よりお詫び」しますが、そのことで逆に責任が不明確になってしまうところがある。

原子力の問題で言いますと、たとえば原発をつくることによって、その地域には莫大な交付金が落ちるわけですから、ある意味では地元にも責任はあるんですよね。こういうことを言うと福島の人には大変失礼だということを承知していますが、もともと双方とも危険を予知していたから金を払う、もらって当然と考えているわけで、そこには「なあなあ」でやってきた関係がある。にもかかわらず、一方で原発は絶対に安全だと言われていた。最初のほうで松隈さんから予行訓練が必要だという話がありましたが、実際には、今回のようなことを想定した訓練をしてないわけですね。だから素早い判断ができない。これは後知恵ですけれど、最初の数時間の判断のミスや遅れが危機的な状況を生んでしまったわけです。訓練は必要だった。あらかじめ危険だということを承知しておく必要があったのだけれど、十分な注意が払われなかった。なぜか。そう言ってしてしまうと、やっぱり原発は危険なんじゃないかと騒がれかねない、それでは都合が悪いということでしょう。だから私の周辺の原子力を専門にしている学者でさえ、安全だと結構信じていたんですね。そういうことを「不都合な真実」と言うのだと思いますが、英語で言うとインコンビニエント・トゥルース（An Inconvenient Truth）、つまりITだと（笑）。世の中にはそういうITがあるんですね。

今回の震災は津波の被害が甚大でしたが、もともと国の護岸にあてる予算は、耐用年数を満たした護岸設備の総補修費の半分しかないということを専門家から聞きました。ということは、年々老朽化していく護岸が増えていって、ちょっとした高潮でも壊れてしまうような護岸が、今後日本に増えていくわけです。これが日本の経済的実力です。もはや、最適なものをつくることも、ましてそれを更新してゆくこともできないのです。ところが、今回のような甚大な被害が出るとすぐに立派な護岸をつくろうということになる。そのため全国的に見れば、大きなアンバランスが起きる結果になるわけです。こういったこともインコンビニエント・トゥルース、ITのひとつなんですね。

先ほどの地下鉄の話で何が言いたかったのかというと、日本では、公共的サービスというのは、無償で誰もが無尽蔵に受けられて当然だという考え方が高度成長のときに定着しているんですね。日本では戦後一貫して「国土の均衡ある発展」ということが謳われて、辺鄙《へんぴ》なところでも生産力がないところでも、同じようなインフラを公共で整備しますということをしてきたわけです。実際に税収は伸び続けたのでそれが可能だった。そのおかげで日本中どんな町にも、立派な文化会館や美術館や図書館があるということになっている。もし日本にヴェスヴィオ火山の噴火のようなことが起こって、全部灰に埋もれて一〇〇〇年後に発掘されたとすると、ものすごい文化国家があったということになるでしょう(笑)。いまや公共の負債は膨大で、経済成長も期待できない時代です。護岸のように昔つくった施設の維持もおぼつかない時代だということはとうにわかっているんだから、サービスと対価の関係をもう少しきちんと考えていく必要がある。たとえ公共サービスであっても、無尽蔵ではなく全国一律でもないと。先ほどのコミュニティの問題も当然、この枠組みのなかで考えなければいけないと思います。もちろん、この問題は結構デリケートです。たとえば、これまで地方都市が子供を養育して大都市がその成果を得るという非対称性があります。これは広井さんが先ほど述べられた通りです。どうすべきかはわかりませんが、このようなことも考慮しなければならない。僕は、進歩主義者ではないですが、かといって、昔に戻るべきではないとも思わない。互酬的関係をどういうかたちでモビリティの高い現代社会のなかで実現していくのか考えるべきでしょう。

そのときに建築家のできることはなにかです。そのひとつが、空間の記号性を塗り替えることです。たとえば、一次産業を考えてみます。農業をやっている人の収入が少ないかというと、必ずしもそんなことはないですよね。むしろ都市部で年収二〇〇万円に満たない給料しかとれない人がたくさんいるのに比べればずっといい。三陸で養殖業をやっている人などはそれなりの収入が得られるそうです。ところが漁業や漁村には社会的には負の記号性が負わされていて、漁師は荒くれ者だとか、宵越しの金を持たないとか言われる。しかも、農業や漁業は世襲制が当然と考えられ、都市部の学生の就職先として考えられることがないわけです。そういう負の記号性をいかにプラスの記号性に変えていけるかということは、建築家のわれわれができることのひとつだと思います。

われわれ建築家は、社会をそのまま変えることは不可能です。建築を一個つくったくらいでは社会は変えられない。三浦さんは、八〇年代に、都会がすばらしいということを散々喧伝されたわけですね。そのときに決定的になった都市と地方の力関係を建築家の持っている力でどのように変えていけるか、いまはそれが試されると思うんです。その最先端が山崎さんがおやりになっているようなことなのだと思いますが、いかがでしょうか。

山崎　いまのお話を聞いてすごく勇気づけられました。こういう理解のある建築家がいて、どうしていまだに山のなかに公共施設がどんどん建つのか不思議でなりません（笑）。先ほど山本さんがお話しされた、海と山の関係も、そこに流れる川の流域全体で考えないといけない、行政区分で切ってる場合じゃないという話もまさにおっしゃるとおりだと思います。

そういった「仕組みの問題」については僕も前々から思っていて、たとえば日本はもともと農作物をたくさんつくっていて食料自給率も高かったのですが、ご存知のとおり一九七〇年代くらいから工業化社会にシフトしていき、自動車をどんどん売っていこうとなった。それでアメリカに自動車関税率を下げてもらうわけですが、当然アメリカのほうも見返りとして関税率を下げてくれとなるわけです。普通に考えれば、アメリカの自動車関税率を下げてもらったのだから、日本も自動車関税率を下げるべきなのですが、日本としては車を売って儲けたいのでそれはやりたくないと。そのためになにを代わりに下げたのかというと、農作物の関税率を下げますという話をしてしまったわけですね。そのため海外から安い農作物がどんどん入ってきて、国内の農作物は市場での競争力を失ってしまう。

先ほどの川の流域の問題に結びつけて言うと、川の上流部の畑で農作物をつくっても高くて売れない。スギやヒノキを売ろうと思っても人件費が高くて外材の価格競争に勝てない。だから耕作放棄地や管理放棄林が増える。そうなると今度は、スギ・ヒノキ林や農地から表土が流出して下流部の河床上昇が起きてしまう。河床上昇が起きると堤防をつくらなくてはいけないということで立派な堤防をつくる。堤防をつくると氾濫が起こらなくなり、水かさが増していって天井川のようになり、拡幅するなど改修する。こういった堤防や拡幅は公共事業によって行なわれるわけですよね。そのための税金を、自動車をはじめとした工業製品を売ることで確保しようとする。これってどこかでシステムが間違っているんじゃないかと思ったことがあるんですね。上流部で農業をやって土を定着させて、土壌流出を抑えて、河床上昇を起こさないようにすれば、そもそも堤防をそんなに高くする必要はないかもしれない。そうした公共事業に税金をたくさん投入する必要がないのなら、工業製品をそんなに売って税金をなんとかしようとする必要もないかもしれない。というように、グローバルな問題と地域の問題が直結しているわけですね。これは広井さんがおっしゃった、都市部は不当に安い価格で農作物を買っているという話などにもつながってくると思います。

こうした仕組みの問題をふまえると、いま、建築家の良識やバランス感覚というのがすごく問われている気がするんですね。先ほど大野さんはご謙遜からか、建築単体では社会は変えられないとおっしゃった。それはある意味で真実ではあるけれど、建築家が持っているバランス感覚、構造であったり意匠であったりコストであったり法規であったり、そういうものをうまくバランスをとって統合化していく「アーキテクト」としての職能は、大きな力を持っているはずだと僕は思うんですね。その意味でポスト3・11の社会では、もっと建築家が発言してもいいんじゃないかと期待して考えています。

藤村（龍） いまのご発言はコミュニティデザイナーから建築家への激励と捉えさせていただきます。山崎さんがおっしゃることは非常によくわかる話で、大方の建築家も感じはじめてはいるのだけれど表立って議論されてきていない、そういう事柄かと思います。この3・11という事態がひとつ議論を切り拓くとすれば、さまざまな問題を総合して考えバランスを見出していく職能としての建築家像が前景化してくるのではないかということです。それはかつてであれば住宅のデザイナーであったかもしれないし、都市から撤退する前は都市デザイナーだったかもしれない。建築家像というのは時代によって変わってくるものですが、もしかすると二〇一一年以後のコンテクストのなかでは、人々のコミュニケーションの下部構造を設計し、さまざまな問題のなかでバランスを見出していく「アーキテクトとしての建築家」という再定義がなされるのではないかと感じています。

いま山崎さんが総括してくださったように、いろんなシステムは矛盾しながらも勝手に動いているのだけれど、そうした問題は相互に複雑に絡み合っていてなかなか解けない。その背景には日本の国土開発の歴史や政治の歴史があって、一九六〇年代くらいまで遡らないことには問題が見えてこないわけですね。ですので、いまなされている議論というのは、二〇一一年のことだけを問題にするのではなくて、日本の戦後史をトータルに考えたうえで議論を展開していく必要を感じています。

集落から学ぶ技術

†土地の持つコンテクストを捉えなおす
†河川の再生からつくる東京のコミュニティ

†鎮守の森・エネルギーコミュニティ構想
†東北を「福祉都市」の先駆的モデルに
†若い人と集落の人が協働できる仕組みづくり

藤村（龍）　これまでは「震災で感じられたこと」「東北の復興のために考えること」を共通のテーマに、それぞれの体験やフィールドをベースにしつつも、よりマクロな社会システム全体の問題を見直していく必要があるということを確認してきました。そういう認識が共有されたところで再び共通質問に入っていきたいと思います。今後、日本の再編、あるいは東北の復興に備えて何をしていくべきかという提言をみなさんからいただいて、第二部のシンポジウムを徐々にまとめていきたいと思っております。

この二つ目の質問にあたって、口火を切っていただきたいのが永山祐子さんです。ご自身はオランダにいらっしゃってツイッターを通して全体像を把握していったとのことで、非常に現代的な空間の把握をされたと思いますが、そうした経験を通して、今後の日本の社会をどのようにイメージされますか。

永山　今後どのような政策が有効に働いていくかということは、専門家の方を交えていろんな側面から議論をされていくと思うんですけれども、私は日常的に自分が生活者として見たときに、マクロな視点で決められる政策がミクロな人々の生活や精神的な拠りどころをどうやって組み上げていってくれるのか、不安を感じるんですね。一方で、震災が起こったときには、自分が建築家としてモノをつくり続けるモチベーションをどこに持っていけばよいのだろうと、拠りどころをなくしたような漠然とした不安がありました。そのときに、やはり建築を考える前に重要なその場所の持つコンテクスト、それは地理的条件や制度的な条件、人と人とのコミュニティなどしっかりと原点から捉えなおしたいと以前より強く思うようになりました。それがその場に生活する人々にとっての重要な共有コンテンツになります。とくに私は東京に住んでいるので、東京という都市をイメージしたときに、どういうものを共有していけるだろうと考えるようになりました。

山本さんや松隈さんのご発言のなかで景観の共有といったお話がありましたが、コミュニティというのは制度としてつくるものではなく、何かを共有することを通して勝手にできてくるものなのではないかという気がするんですね。ですから、都市に対して新しくみんなが共有できるものを再生させることが重要なのではないかと思います。今回の震災では津波によって海岸部の地形がだいぶ変わってしまいましたが、それでも地形や風土のようにもとからあるものというのは、家が流されても車が流されても、簡単には崩されない大きな礎になると思うんです。

以前、『JA82』のなかで発言したことがあるのですが、たとえばいまの東京というのは都市景観のなかから河川が消えてしまっている。でも、川というのはもともとあった自然のインフラで、江戸時代にはそれが人々の生活の基盤になっていたり、心象風景になっていたりしたわけですね。たとえば、浮世絵なんかには河川の周りの豊かな情景が描かれています。ですから、失われてしまった河川を再生することで、新しく生まれた景色をみんなで共有するなかからコミュニティが生まれてこないか、そのなかから社会の新しい仕組みが自然発生的に生まれてこないかと考えるようになりました。とくに線的な自然インフラである河川は、都市的情景を線的につないでいく役目も期待できます。東京の河川敷を見ても魅力的な場所がとても少なく感じます。六本木ヒルズ「世界都市展」(二〇〇三)で上映された押井守さんの「東京静脈」という映像作品は神田川から東京を眺める映像でした。都市の裏の顔になった河川の情景が印象的でした。韓国のソウルでは「清《チョン》渓《ゲ》川《チョン》」の再生事業などがあります。都市部の河川再生事業としてはよい事例といえます。いずれにしても、震災を機に新しい都市像、生活基盤のあり方を考えていくことが重要だと思います。その出発点を考えるときにはなるべくその土地がそもそも持っている地理的条件、歴史をもう一度見直すことで、複雑に積み上がってきている要素を単純化していき、本来の人間らしい生活のイメージを取り戻すことが重要だと思います。

藤村（龍）　今回の震災は津波の被害を受けてしまった住宅や住宅地が多かったなかで、その集落に昔からある神社ですとかお寺などは、ほとんど流されていなかったという報告があります。そういった地域のコミュニティの礎となるようなものは、津波の及ばないところに自然に配置されていたという分析もあるのですけれども、そういうものを東京のような大都市のなかにも復活させる必要があるのではないか、あるいは彫り出していく必要があるのではないかというお話でした。続いて家成さんにおうかがいしたいのですけれど、このような高度な技術に依存した現代都市において、家成さんはどういうふうに問題に取り組んでいらっしゃるのでしょうか。

家成　第一部でコミュニティが嫌いな人がいるという話がありましたけれど、コミュニティというものは好きか嫌いかではないと思うんですね。コミュニティというものはそこにあるものだと思うんです。嫌いだといって家に閉じこもっている人を無理やり外に出す必要はないかもしれませんが、それでもそこにコミュニティはある。そういうものとして考えいく必要があると思います。

もうひとつは、これも第一部でアイデンティティの話がありましたけれども、アイデンティティというものは一対一で対応する必要はないと思っているんですね。とくに都市のなかで生活していくときには、仕事場であったり家であったり遊び場であったり、それぞれの場で自分のなかにあるいろんなアイデンティティを無意識に引き出しながら、その都度関係性を持つことが求められる。ですから、一対一の関係性だけでアイデンティティを考えるというのは、とくに大都市のなかでは無理があるのではないかと感じました。高度な技術で多くが成り立っている現状を少しずつでも身近にある技術で変えていきながら、さまざまに振舞うことを許容できる建築を実践していきたいと考えています。そこでは他者とのつながりや、なにかを共有していくことが大切だと思います。その方法もさまざまにあってよいとも思います。メディアが伝えるようなマジョリティの思考ではなく、そこから漏れてしまう多様でたくさんあるマイノリティの思考のダイナミズムを増幅していきたいと考えています。

藤村（龍）　都市生活のなかでどういうアイデンティティを持ちうるかというのは、非常に難しい問題ですね。広井さんはいかがでしょうか。

広井　原発事故、それに関連したエネルギー政策についてひとつ提案をさせていただきたいと思います。それは「鎮守の森・エネルギーコミュニティ構想」というものです。日本全体のエネルギー自給率というのは四パーセント程度に過ぎないのですけれど、意外なことに、都道府県別で見ると自給率が一〇パーセントを超えている都道府県が六つもあるんですね。ベスト5は大分県（二五・二％）、富山県（一六・八％）、秋田県（一六・五％）、長野県（一一・二％）、青森県（一〇・六％）となっています。一位の大分県はエネルギー自給率が二五パーセントを超えていて、別府温泉などの温泉があることからわかるように地熱発電が盛んです。二位の富山県は山がちな風土を活用した小水力発電が盛んです。以上のように、自然エネルギーのなかでも地熱や小水力というようなものを活用してエネルギー自給率を高めていくことは十分可能で、大学の同僚の倉阪秀史さんという環境政策の研究者が「永続地帯」（ある区域においてエネルギーと食糧の需要をすべてを賄うことができる区域のこと）ということで研究を進めていますが、今後こうした方向を詰めていくことが重要ではないかと思っています。ちなみに、これも意外なことですけれど、戦前は地方自治体がそれぞれのエネルギー政策を積極的に行なっていました。それが戦時の国家総動員体制のなかで中央集権的なエネルギー政策体制に転換していき、高度成長のときに突き進んでいったという流れがあります。

これをもう一度ローカルな動きに戻していくと。日本全国に八万数千ヵ所の神社やお寺があることをふまえ、いわば現代の「鎮守の森」というべきものを自然エネルギー拠点として整備していくような政策を考えることが重要でないかと思います。その際、あわせて周辺の環境を一体的にデザインし、福祉や教育や住宅、あるいは世代間交流の場として、コミュニティの新たな中心にしていくことが求められると考えています。

それからもうひとつ、「福祉都市」というものを提案したいと思います。今回の震災を通じて、震災以前からはっきりしていたことですが、日本の都市には広い意味での福祉的な視点が欠落していると感じられました。あまりにも自動車、道路中心で、多くの買い物難民を生んだり、高齢者の住宅や施設が辺鄙なところにあったり、そこでは福祉的な視点がないがしろにされています。こういったものを今回の震災を機に根本的なところから見直していくと。街の中心部に高齢者のケア付き住宅やその他の福祉関連施設、公的な住宅が歩いて楽しめる商店街などと一体となってあるような、そういうコミュニティ醸成型の「福祉都市」を、東北を先駆モデルにしてつくっていくことが重要ではないかと考えています。

また、それをふまえてもう一点、日本の土地所有のあり方を見直していく必要があるでしょう。たとえば、北欧などでは公有地の割合が七～八割である一方、日本は三割台にとどまっています。ですから、今回の震災を契機に土地の私的所有権を制限し、あるいは公有地や共有地の重要性を考えて、その割合を増やしていくような方向で都市というものを見直していく必要があると思っています。

藤村（龍） 広井さんから「鎮守の森・エネルギーコミュニティ構想」ですとかコミュニティ醸成型の「福祉都市」、あるいは土地所有の問題を考えていくうえでの具体的な提言がありましたが、そういったアイディアをどういうふうにイメージして膨らませていけるかというところで建築家の職能が問われているのではないかと思います。では、そのようなビジョンが出てきたところで、山崎さんに今日の議論について総括的なコメントをいただきたいと思います。

山崎 すばらしいですね。いまの広井さんの話を聞いて、僕が言うことはほとんどないなと思っています（笑）。いまの提案に関連してちょっと具体的な話をしますと、たとえば小水力の話が出てきましたが、僕は中山間・離島地域を回っているなかで廃村を調査することがあるんです。兵庫県の丹波のほうに金山《きんざん》廃村という集落があったのですが、金山という名前からわかるように、昔はそこで金が採れたらしいんですね。それで金が採れていた頃には三〇世帯の人がそこに住んでいたと。それが昭和四八（一九七三）年に閉山したのですが、最後に山を下りた方が今年で七二歳になり足が悪くなってきたということで、これは話を聞いておかなければと思い、訪ねて行ったんですね。それでいろいろお話をしてくださったんですが、おもしろかったのは、当時の金山村は不夜城と呼ばれていたらしいんです。夜中じゅうずっと裸電球が祭りでもないのに山のなかに煌々《こうこう》と点いていて、テレビもラジオも消してはいけないと。というのも、村の端に沢があるんですが、そこには風呂桶三杯分のコンクリートの容器があって、そこから直径一五〇ミリくらいの管が下まで降りてきて、その落差三メートルを落ちる水で発電機を回していたらしいんです。それが三〇年前の発電機のため性能のいいバッテリーがなくて、発電したそばから電気を使っていかないとダイナモがショートしてしまう。だから村全体で電気を消してはいけないと。電球が切れたらすぐに取り替えるということをみんなでやって、三〇年間三〇世帯が使い続けるだけの電気をつくっていた。それがわずか三メートルの落差を利用して発電していたというんですね。

ところがそういうところに、「水が枯れたときに電気が止まってしまうような不安定なことをやっていてはいけない」ということで電力会社の営業マンが来る。電気というのは地域ごとにあるいくつかの大きな電力会社が供給するものだという前提があるわけです。

でも、先ほど広井さんが挙げられた大分や富山の事例からもわかるように、じつはいまでも小水力や地熱を利用して自家発電をやっているところは、結構あるんです。どうしてこれだけ性能のいい発電機があってバッテリーもいいものが出ている時代に、もう一度そのあたりを見直さないのかなと。消滅する集落が一三〇〇もあるのはもったいないというのは、そういうことなんです。金山廃村のお話をうかがって、どうしてもその発電機が見たくなり、山の中をかき分けて行ってようやく探し当てたのですが、そういうものを見るとちょっと震えるんですね。これは将来のビジョンを示しうるものだと。

モノをつくる側の人間として何ができるか考えたときに、すでに消えてしまった集落のなかからすごく大きなアイディアをたくさんいただいています。これから一〇年のあいだで一七〇〇もの集落が消えてしまいます。このなかに僕らが欲しかったノウハウはほんとうにないのかということはすごく気になるところです。東北、あるいは日本全国で、限界集落へ入っていって新しい活力を与えてくれるような若い人たちをどうやって生み出していくか。パソコンが使えて、ブログが使えて、ツイッターが使える、集落にとって稀有な若い人。さまざまな技術や伝統をデジタルアーカイブできるような若い人。そういう人たちと集落にずっと住んできた人とが協働できるような、持続可能な集落運営の仕組みをどうやってつくっていくか。それが僕の仕事ではないかと思っています。

知恵を評価する社会

†問われるのは、どのように街を見ているか
†現在の延長で都市を考えてはいけない
†どんな問題も、ある時代には合理性があった
†社会の仕組みは本質的なところで破綻している
†法律のあり方にも疑問を投げかける

藤村（龍）　ここで建築を社会に拓いていく重要性について再び松隈さんにお話をうかがいたいと思います。これまでの議論を受けてコメントをいただけますでしょうか。

松隈　地域のコミュニティの話が出ていますが、われわれもそうですが、やはり普段からひとつの街を知るという機会があまりにもなさすぎると感じています。このあいだ内田樹さんのお話を聞いてなるほどなと思ったのですけれど、サイズの問題というものがあると思うのです。サイズというのはどれくらいのスケールだったら自分が把握できるかという

意味でのサイズですが、個人と社会とのあいだに中間的な領域があるとすると、その中間的なサイズのものをわれわれは普段あまり見ていないのではないかと思うのですね。居住地と勤務地というようにあくまで点と点、ひょっとしたらひとつの点でしか自分の街を見ていないんじゃないかと。

そこでひとつの手がかりとして、これまで私がやってきた試みについてお話しさせていただきたいと思います。私の地元の神戸では震災から一六年経って、小さな単位でそれぞれのまちづくり推進会みたいなものが起ち上がっています。そのなかで一般の市民を巻き込んで、これから街とどうやって向き合っていくのか議論する機会があります。われわれの街でも、都市計画道路を通していいのかという議論があって、私も含めて何人かはそんなものは要らない、豊かな路地があって海と山に恵まれたわれわれの街を何十年も前に都市計画決定された道路で壊してほしくないと言っていたのですが、みんなそれについてどう思っているのか調べてみようということで行なったイベントが二つあります。

ひとつは「塩屋百人百景」というものです。私の家族が住んでいる神戸市垂水区の塩屋という街を舞台にしたイベントで、写ルンですというレンズ付きフィルムを一般の方一〇〇名に一〇〇台提供して、一日撮影会をするというものです。写ルンですというのはいまのデジカメと違って二七枚しか撮れないし、撮っても撮り直しが利かないし、写されたものの確認ができない。ですから、よほど街を見て歩かないと、二七枚でストーリーをつくろうと思うとすごく難しいわけです。参加者の構成としては地元の住民が二〇パーセント、外から来た人が八〇パーセントくらいで、撮影後は地元に残されてきた街のシンボルとも言える明治の洋館・旧グッゲンハイム邸を利用して展覧会をやりました。その会場で撮影されたすべての写真、二七枚×一〇〇人で二七〇〇枚の写真を全部並べたのですが、そうすると住民の知らなかった街のいい部分がいろいろ見えてくるわけです。

その次の年に、今度は「塩屋百年百景」というイベントを行ないました。これは住民の方に古い写真を提供していただいて、それをひとつの冊子にまとめるというイベントです。発端としてはその街の歴史をみんな知らないという認識があって、じつはこういう経緯をたどって現在の街ができているんだということを確認する、そういう目的で行なったものです。もちろんそこにはノスタルジーというものもあるかもしれませんが、自分たちの街をどう見ているのかを記録して公開する。こういうことをやることで、その地域の持っているポテンシャルをもう一度確認することができると思うんですね。おそらく今後、震災の復興にあたってコミュニティの重要性がいろいろな場所で問われてくると思いますが、それは自分の街をどのように見ているのかということが問われているのだとも言える。見るということは現在の風景を見るということもありますが、これまでの歴史なり地理なりを紐解いて、どういう過去があって現在の街ができてきたのかということも含めて考えることがとても大切なことじゃないかと思うんです。

こうした試みは竹中工務店のギャラリーA4（エークワッド）のイベントでも五年間ほど連続してやってきました。これまで改築前の東京駅や五〇周年のときの東京タワー、浅草、築地、上野などを舞台に、同じように一〇〇人を集めた撮影会を行なっています。そういう撮影会をやってみていちばんよかったと感じることは、参加者それぞれが街を知らないことを自覚できることです。つまり、上野や築地といってもほとんどみんな表層的なことしか知らないわけです。上野の歴史は博覧会の歴史であるとか、築地といったら築地市場しか頭に浮かばないけれど、実は東京の居留地だったとか、撮影することで、そういう街の忘れられた成り立ちに気がつくんですね。われわれはそういうことをまったく知らずに生活している、そのこと自体がおかしいのではないかという問題提起です。

それから、これは建築の設計をやっている人などは普段から経験していることかもしれませんが、一般の方々は用途地域、つまり建物が建つ土地にどういう法的な制約がかかっているか知らないわけですね。建物を建てるときに住民説明会をすると、「うちの家に日影がかかるじゃないか。どうしてくれるんだ」という話によくなりますが、そうなると建築家なり設計者は建築基準法の説明から入らなければいけない。法的に問題ないと訴え続けても、とにかく日影になるのは嫌だという話になってしまう。そういう意味では建築、都市に関する知識、その建物がどういう法的・経済的な制約を受けているのか、一般の人に知ってもらうことが大事なのではないかなと思っています。

日本は、明治時代に近代化（西洋化）の大号令のもとに、都市づくりを推し進めてきました。一九二三年の関東大震災、一九四五年の太平洋戦争の終戦によって焦土化したのちも、大都市の再構築が政治家や行政主導で進められ、今日の建築、都市が形づくられてきました。その過程は、「日本」という固有の文化や江戸時代まで続いてきた美しい自然と共生した建築、都市のことを省みない盲目的なものだったのです。「まちづくり」の言葉に象徴されるように、工学としての土木・建築を駆使したスクラップ・アンド・ビルドを繰り返してきたのです。高度な設計・建設技術の進歩による経済性・利便性・機能性の拡大・拡充が行なわれた一方で、一般市民は、あたかも「商品」のように消費者として与えられる建築、都市を経済原則のなかで消費するだけで、本来の「豊かな建築、都市像」を学ぶことも、考えることも行なってこなかったのだと思います。近年、地球環境問題の深刻さが増すなかで、「環境」の名の下に動植物の自然環境保護の意識が高まってきていますが、「住まい」をはじめとする人間の暮らす環境についての視点がすっぽりと抜け落ちているようでならないのです。

藤村(龍) いまの話は大きく言って教育的な側面に関わってくる問題かと思います。前半の、自分たちの街を記録していくことから街のポテンシャルを発見していくというお話は、先ほどの永山さんが自分たちの知らない地史的な特徴を捉えていきたいというご提言につながっていると思いますし、知らないことを知っていく、専門的な領域に介入していくといった家成さんのご提言にもつながる話だったと思います。これまでの議論を受けて、大野さんのビジョンをお聞かせいただけますでしょうか。

大野 議論も最後のほうになってきまして、僕としては、ちょっと意見が違うなという部分も出てきましたし、議論を盛り上げる意味でも最後にいくつかアマノジャクなコメントを言わせていただければと思います。たとえば、先ほど、広井さんは街の中心部に高齢者住宅などをつくるべきだとおっしゃいました。総人口の四〇パーセントが高齢者になる時代には、高齢者を世話するための専用施設としての高齢者施設という概念はもはや、経済的に成立しないと思うんです。特別の施設を用意するのではなく、すべての住宅は高齢者住宅であり、すべての施設を高齢者施設だと思って整備しないと対応できない。二〇五〇年には総人口の四〇パーセントが高齢者になると言われています。ですから、現在の延長線上で都市像を考えてはいけないと思うんです。

また、私的所有地を制限して公有地を増やすという話もありましたが、私が誤解している可能性もありますが、本来なら土地の所有権でなく利用権の問題を議論しなければいけないのではと思っています。いままでは土地の所有に価値がありましたが、「縮小する都市」においては確実に地価が下がっていくため含み損しかないので、公共だろうが民間だろうが土地の所有を前提に組み立てることはあり得ないと思います。むしろ所有権は表に出ないようにして、どのように土地を利用すると街が活気づくか、その利用方法について金銭を払うという仕組みをつくらなければいけない。

山崎さんは先ほど国立公園のレンジャーの話をされましたが、これは非常に重要だと思います。日本のこれからを考えたとき、モノづくりだけに頼れないとするとなにかというと、それはマネージメントだと思うんです。利用権というのはマネージメントで、人々はそこにお金を払う。建築の設計料にしてもそうで、建物をつくって建設費の何パーセントをもらうというやり方はおかしいですよね。リノベーションは新築より手間がかかるのに、設計料は安いとか、「ここを減築したらどうですか」とアドバイスしたら設計料も減額してしまうというのは変です。知恵代としてもらわないといけない。知恵代をきちんと評価できない社会は、国際社会でも知恵代で勝負できないと思うんですね。

それからもうひとつ、風景の再生ということに関していうと、震災後にも神社が残ったのは、昔の人は災害リスクの低いところを知っていたから、近世の知恵に学べという論調がありますが、それもおかしな話だと僕は思っていて、近世の日本は三〇〇〇万人くらいしか人口がなかった。ですから、その頃はより安全なところに住めたんです。いまは一億二八〇〇万人いるわけですから、危険地帯にだって住まざるをえない。平野は危ないから住宅地は高地移転すべきだという復興案も議論も心配になる話です。少なくとも確率的には、仙台平野以南についてはこれから約一〇〇〇年間は大津波が来ないわけですよね。ところが、高地移転して造成したような場所では土砂崩れの危険がある。山崩れは集中豪雨のたびに報道されているじゃないですか。つまり、確率論的に非合理な選択をしていないか心配なんです。

ついでに言うと、日本では毎年三万人もの人が自殺をしていることはご承知のことと思います。今回の震災では死者・行方不明者あわせておよそ二万人の人が犠牲になっていますが、それより多くの人が一年間に自殺している。一〇年間で三〇万人ですよ。その三〇万人のためにかけられた国費とメディアの報道量を、今回の震災の二万人に対してかけられた国費と報道量をくらべると、明らかに今回のほうが多いじゃないですか。統計を見るとわかりますが、自殺した三万人のうち圧倒的に多いのが四〇代〜六〇代の男性です。仕事上の悩みから自殺してしまう人が多いわけですが、これはお金をかけて対策をすればもっと防げるはずなんですよ。最近某大学の構内でも学生の飛び降り自殺があったんですが、大学側がとった対応は、屋上に学生が上がれないように扉をつくることだったんですね。扉を作ることによって、自殺の衝動があったときに飛び降りられる場所に行けないようにする、ということが防止策だと考えたと思うのですが、僕には、このキャンパスで死んでくれるなと言っているようにしか見えません。それはすごく寂しいメッセージで、その扉をつくるお金があったら、カウンセラーをきちんと置きなさいと言いたい。

いまの日本の社会というのは、地震で電車を安全のために止めても、とにかく謝っておけば問題が減るだろうという社会ですが、それは当座しのぎです。そういった体質から変えていかないと、いまの日本を覆っているさまざまな問題は解決しないのではないかと思うんです。どんな問題であれ、ある時代には合理性があったわけです。公団住宅のプライバシーの話にしてもそうで、山本さんが言うように「一住宅＝一家族」の時代には51Cというモデルは求心力を持っていた。その頃の日本の平均寿命は六〇歳台でしたから、退職するとほどなく、みんな死んでしまったわけですね。だから高齢者の問題も起こらないし、医者の間でも日本には肺がんがないと言われていたんです。それは肺がんがなかったのではなく、肺がんになる前に死んだというだけの話なんですね。われわれは新しい時代に入って新しい問題に直面しているわけですが、震災というのはそれを加速させたわけです。震災にしても、その対策にしても、そのようなコンテクストで考える必要があると思います。

広井　大野さんからいただいた反論はそれぞれもっともな面があると思います。まず前半の、二〇五〇年には高齢者が人口全体の四〇パーセントになるのだからすべての施設が高齢者施設になるくらいでないと対応できないというご指摘は、まさにその通りで、それこそ私が「福祉都市」と呼ぶものです。しかし現在の日本の現実はどうでしょうか。二〇〇九年に群馬県の「たまゆら」という老人ホームが焼けて一〇人の入居者が亡くなるという悲惨な事故がありましたが、ふたをあけてみたらそのお年寄りたちの多くは東京都の方々でした。これは「街の中心部や身近な場所に老人ホームやケア付き住宅がない」ということからきているのです。それを変えていこうというのが私の提案です。

後半は、これからの人口減少時代は、土地の所有の重要性は下がり、利用が重要になるからそちらを議論すべきというご指摘でした。これはある意味でよくなされてきた議論で、その主旨に反対ではないですが若干異なる意見を持っています。経済や効率という観点で物事を捉えればそうした発想になると思いますが、私は土地がそもそも私的所有の対象であるという考え方自体を問いなおすべきだと思います。発言のなかでも少しふれましたが、アメリカや日本は土地の私的所有というのが非常に強く、私有地が多いのですが、ヨーロッパはそうなっていません。このように土地所有のあり方はその社会の基本的な価値観に関わるもので、戦後の日本は土地の私的所有ということに突き進んだわけですが、利用の問題だけではなく、土地の公共性ということをこの機会にもう一度議論すべきではないかというのが私の意見です。これは三浦さんの「シェア」の議論ともつながるものだと思います。

山本　いまの大野さんの話はこのシンポジウム全体の根幹の部分だと思います。とても重要な話だと思います。いま全体として、われわれはとても大切な問題を話していると思うのです。私たちが共有している前提は、いまの社会をつくっているその仕組みが本質的なところで破綻しているという認識です。そしてそれは、住宅の供給の仕組み、インフラ整備の仕組みという、いままでハードウェアと呼んで政策決定の最下流に位置づけられていたものに対する考え方に起因しているということだと思います。

卑近な例ですが、最近、非常に象徴的な出来事がありました。東京都の都市整備局というところで都営住宅の設計入札をしたんです。その基本設計料の入札額が一万円だっていうんですね（笑）。実態はこういうことが起きているんです。東京都では住宅は定型化しているので新たに設計を考える必要はないと。ようするに「一住宅＝一家族」モデルでいいんだ、これからもこういう住宅を供給していくぞと言っているわけです。いま、東京都二三区の一世帯あたりの構成人員はわずか二人です。その多くが高齢化しています。都営戸山団地では去年（二〇一〇年）一年で一二人が孤独死しています。「一住宅＝一家族」という住宅の形式はもはやまったく役に立ちません。それにもかかわらず、「住宅は定型化している」だからアイデアはいらない。だから設計は安ければ安いほどいい。そうした安い設計が都民にとってもっとも有益な設計であるという言い分です。現行の住宅供給の仕組みをまったく変える意志がない。そしてそれを決めているのは、都市整備局の発注担当者です。彼にはこれからの都営住宅の設計、そしてその供給の仕組みがいかに重要かという自覚は皆無だと思います。東京都の行政責任者もその担当者に任せて、これからの住宅の重要さに対する自覚はない。つまり、住宅の供給というのはその程度のものだと思われているし、設計者の役割も、その程度のものだと思われているわけです。でも、仮に定型化されていたとしても、その住宅はいままでにない敷地に、いままでにない条件でつくられます。そのマネージメントが極めて重要なわけですよね。そのマネージメントについては意識が働かない。それが設計料一万円の意味です。それは他ならぬわれわれ設計者自身の問題です。行政が一体何を目指しているのか、それは私たちがもっとも身近に感じています。都心部では容積率を緩和して、容積率の計算方法も変更して、より多くの床面積を建てられるようにおまけして、容積の移転もできるようにして、民間のディベロッパーにできる限りサービスする。それが成長経済に貢献すると考えられているからです。そこに住む人のことよりも経済成長が最優先されているわけです。冒頭の問題提起で触れた部分です。

松隈さんは住民も法律を知るべきだとおっしゃいましたが、それはわれわれ自身に対して問われるべき問題です。住民の生活よりも経済成長を目的にするという都市づくりが進められていて、法律がそれに則って整備されていると思います。その法律に対して疑問を投げかけるのは私たちの責任だと思います。むしろ法律を知らない住人の素朴な疑問のほうが正しい場合だってあるのではないかと思うのです。

今後の復興計画でもそうです。単に経済復興を目指すというような復興計画ではなくて、そこに住む人たちの住み方をさらに徹底的に考え直す必要があると思います。それは私たちの責任だと思います。高台移転といって、高台を造成して、そこに「一住宅＝一家族」をつくるようなことを決してしてはいけないと思う。高台を造成してそこに民間のハウスメーカーが戸建て住宅をつくるという方法は、この東日本の被災地ではまったく役立ちません。被災地の高齢化率は平均して三〇パーセントを超えています。今後さらに高齢化率は上がると思う。そこに住む住み方はそうした高齢者たちと一緒に住む住み方を考えるべきです。高台移転、そしてさらに頑丈な堤防をつくるという従来までの意味での土木的な問題にしてはだめだと思う。それこそ高度成長期の開発の手法です。そうではなくて、どうしたらいいままでとは違う、高齢者を含めて一緒に住めるような住宅を考案できるか、そういう人たちと互いに助け合うような住み方ができるのか。そのためにはわれわれに何ができるのか、そういうことをこそ考える必要があります。今日はそういうことについてかなり深く話ができたようにも思います。

藤村（龍） 最後にひとつ大きな宿題が出たところで、三浦さんに今日の議論の総括をしていただければと思います。

三浦 冒頭で山本さんが二〇世紀の都市原理はもう終わっているんだとおっしゃいましたが、都市原理に限らず近代社会のさまざまなシステムが、終わってはいないのだけれどそうとう機能不全に陥りつつある。それは以前から薄々わかっていたことなのですが、それまでお金を儲けていたシステムをころっと一日では変えられないので、これまではなんとか延命策をとってきたわけですね。そんななか、どの分野でも画期的なシステムがなかなか出てこなかった。それは古い大きなシステムに代わる新しい大きなシステムをつくろうとしたからうまくいかなかったのではないかというのが僕の考えなんですね。今後は小さくて多様なシステムが共存分立してネットワーク化して、家成さん的に言えば「互助しあう」という時代に変わっていったほうがよいのではないかと思っています。今日の小水力発電の話などはその典型で、もともと水車を使って発電していたところを電力会社が統合していったけれど、実際は小さいものが分立してもやっていけるのではないかと。そういう認識が共有されつつあるわけです。電車もそうで、もともと多くの民間資本による鉄道があったのを国有化していって、それが機能不全になったんで民営化したらうまくいった。また、モータリゼーションのなかで廃止されていった路面電車がいま、エコロジーやコンパクトシティの視点から見直されている。小さなシステムの分立が起きている。

そうした動きと並行して「モノからコトへ」とか「所有権から利用権へ」といった変化が起きている。二一世紀もすでに一〇年経っているので、そろそろ真に二一世紀らしい考え方というものがはっきり見えてきて、かつそれが経済の仕組みとして回っていかないといけないと思うんですね。建築というのは経済を回す仕組みのひとつだと思いますが、それは二〇世紀型のものとは異なってくるはずです。そういうことをあらためて今日、パネリストの方々の話をお聞きして考えることができたと思っています。

できるところから全体を変えていく

†周囲との関係で決まるアイデンティティ
†隠れたコンテクストの見直し／システム自体の書き換え
†できるところから戦略的に変える

藤村（龍）　ここで議論を会場のほうに開いていきたいと思います。ご質問のある方はいらっしゃいますか。

会場質問1　アイデンティティの話があったと思うんですけれども、「モノからコトへ」、あるいは「モノから人へ」となっていく時代の流れのなかで、人のアイデンティティにしても、地域のアイデンティティにしても、いままで以上に重要になっているんじゃないかと思っています。そうしたアイデンティティに対して、専門家の方がどうやって仕組みをつくっていくのか興味があるので、その辺をお聞かせいただけないでしょうか。

山本　アイデンティティという言葉を使い出したのは、おそらく一九七〇年代くらいからだったでしょうか。アイデンティティというのは自立した自己ということと絡んでくる話で、自分自身のなかに固有性があると考えられていたわけですね。でも、アイデンティティというのは他者との関係のなかにあると思うんです。今日僕がしゃべったことにしても、もともと自分のなかで考えていた部分もありますが、他のパネリストの方に触発されてしゃべっている部分も大きいわけです。それは関係によって決まってくることで、居合わせた人が変われば、その内容もまた変わってくる。そういう意味で、固有性は自分の内側だけにあると思い込んでしまったところに大きな間違いがあったのだと思います。それは地域に関しても同じで、ある地域の固有性というのは他の地域との関係のなかから出てくるものだと思うんです。それを地域の内側にのみ固有性があると思ってしまうから、その地域をどうやって活性化していこうかというような内側の話になってしまうわけです。先ほども言いましたように、ある地域に川が流れていたとしたら、その上流部の山あいの地域との関係でしか見えてこないものがある。流域全体で考えるというのはそういうことなんですね。こうした考え方は今後さらに重要になってくると思っています。人がたったひとりで生きていくことができないように、地域もその内側だけで生きられるはずがない。そのような関係としてアイデンティティを考えていくとわかりやすいのではないかなと思います。

大野　アイデンティティの話というのは、建築や都市計画の分野でいうと風景や都市景観の問題につながってくると思うのですが、地域にアイデンティティがあると議論しはじめたのは七〇年代になってからだと思います。なぜかというと高度消費社会になって、各地域はそのアイデンティティを競いはじめたからです。その頃から旅行者の目でもって都市を眺めるようになった。そもそも周りとの交渉がなければ、自分の都市がどうアイデンティティを持とうが関係ないはずなんですね。歴史的に見ると、江戸時代になって廻船が回りはじめて日本じゅうが町家だらけになった頃から、日本は均質だったわけです。ある意味では現代のほうが不均質で、多様性に満ちていると言える。そうした多様性は商業的な競争から起こっている。それを自覚的に、人工的につくるとテーマパークになるわけです。ようするに何が言いたいのかというと、リノベーションとか増築とか、既存の環境に足し算をしていく操作をすると、おのずとそこにアイデンティティが生まれると思われている。日本の住宅地の風景は均質でつまらないから、それを壊してアイデンティティがあるものをつくろうとするじゃないですか。そういう考え方こそが間違いのもとであるというのが僕の考えです。

藤村（龍）　今回の議論を通じて出てきたアイデンティティやコミュニティの話というのは、ややもすると素朴な七〇年代頃の議論であったり、どちらかと言えばカウンターパートみたいな議論の反復にも見えなくもない。ですから、一見すごくベタな主張のように聞こえるんですけれど、現代のコンテクストでは、また違った意味を持っていると思うんです。そこをどうやって言葉にできるかというのは意外と難しくて、今日の議論でも、若い家成さんや永山さんがコミュニティや隠れたコンテクストの重要性について説かれていたのに対して、山本さんや大野さんはシステム自体を書き換える必要があるとおっしゃっていました。そのコントラストがとても象徴的だったのですが、その違いというのは別のことを言ってるわけではなくて、同じことを言ってるのだけれども別の言い方をしているように聞こえる。それはなんなのかと考えていたところ、システムのようなものが書き換わる前と後を知っている世代と書き換わった後だけを知っている世代では、ものの言い方が少し違ってくるのかなという感じを受けました。そのなかでどのように議論を共有していくかというのは、今後の課題かなと思った次第です。

会場質問2　いま藤村さんが整理されたことと近いかもしれませんが、一部・二部を通して聴いていて、こうあるべきだというところはよくわかったのですが、それをどうやってつくっていくのかという実践的なところでどういう方法が考えられるのか、少し疑問に思いました。住宅の場合は、家成さんから施主さんを巻き込んで建てるというようなお話が出ましたが、たとえば地域社会圏モデルをつくるときに、それがどのようにできあがっていくかというのはずっと聞いてみたいと思っていたので、質問させていただきました。

山本　いきなりそういったモデルができるとは考えていなくて、ひとつひとつ身近なところからやっていこうと思っているのですが、「一住宅＝一家族」に代わるシステムというのはありうると思うんですね。集合住宅を設計するときはもちろんですが、仮に戸建て住宅のような「一住宅＝一家族」モデルの住宅を依頼されたとしても、その周辺地域との関係を考えることによって、内側に閉じてしまいがちな住宅を外側に開いていくことはできると思うんですね。ですから、あるシステムを一気につくるというのではなくて、いまわれわれが具体的にできるところから考えていくと。そちらのほうが建築家として力になれるのではないかと思っています。

藤村（龍）　政治理論の分野ではインクリメンタリズム（漸増主義）という考え方があって、ようするに少しずつ変えていくことによって漸進的に全体を変えていくということなのですが、山本さんの言われた方法というのもそれに近いですね。第一部では大月さんが二つのモデルを共存させるような提示の仕方をされていました。そのようにさまざまな戦略を駆使することで、徐々にモデルを書き換えていくというメッセージと受け取れるのではないかと思います。実際に設計をするときはどうすればいいのか、ビジョンを見ただけではわからないように思えるんですけれども、そのなかに戦略論を含めていくことが重要なのではないかと思います。

家成　先ほど山本さんがおっしゃっていたマネージメントにお金が支払われないという話を聞いていて思い出したのですが、大阪の郊外に泉北ニュータウンというのがあるんですね。そのニュータウンが高齢化してまして、住民が亡くなったり、都心部のほうに移り住むから住宅が空くと。そこを貸したいのでリフォームしてくださいという依頼が来たんですよ。それで、リフォームにこれくらいかかるから設計料はこれくらいもらえるなと考えていたんですけれど、そもそも借りる人がいるのかと思って、近くの大学に飛び込みで行ってみたんですね。庭付き、駐車場付きの一軒家で、家賃もすごく安い、ここをシェアハウスにしたいので誰か学生で借りてくれる人はいないですかと。するとヴェトナム人が四人住みたがっているという話が急に浮上してきました。そのヴェトナム人というのがすごくタフで、「これ直さなくても住めるぜ」と言い出して、風呂釜も壊れて湯沸かし器も動かないのに「学校にシャワーがあるから問題ない」と。結局、ヴェトナム人を紹介して仕事が終わってしまった（笑）。それはいちおうマネージメント料というかたちでいただけましたが。

それからシェアする、共有するということに関してもうひとつ例を挙げますと、最近、都市部にある住宅のことで相談されたんですね。その住宅の道路側の庭がブロック塀で囲まれていて、猫の糞の匂いがこもると。それを改善したいのでどうすればよいかという相談を受けたんです。そこでブロック塀を壊して、そこに木を植え、私有地を街路に明け渡して公有地に変えましょうという提案をしているんですね。ですから、一気にガラッと変えるのではなくて、住宅の隅っこを少しずつ変えていくことから実践していく。そこからいろいろ変えていけることもあるのではないかと思っています。

藤村（龍） 第一部から続いているテーマですが、共有とか私有といった問題につながる興味深いエピソードだと思います。最初の留学生のエピソードは、強力な身体は時にシステムの齟齬を乗り越えてしまうということを示唆していて、そういう意味でも興味深いお話でした。郊外のニュータウンにおいて制度の外にあるユーザーのイメージみたいなものが、実際の空間と出会うことでいろんなポテンシャルを見せてくる。そこにはいろいろな可能性があるわけですね。そういったものと今後の建築家、あるいは社会制度の設計者たちは多かれ少なかれ出会っていく。そういうことを示唆するエピソードでした。

三浦　今日は長時間ありがとうございました。節電のせいか熱気のせいかわかりませんが、たいへん熱くなってまいりました。今日は若い二〇代、三〇代の方が会場の半数くらいを占めていると思いますが、その若い方々が四〇代、五〇代になるプロセスにおいて、東北の復興と日本の再編が行なわれなければなりません。いま、山本さんや家成さんがおっしゃったように、目の前にある小さなことをひとつひとつ実践していくことからしか、最終的には社会を変えていくことはできないのではないかと今日一日議論して感じました。今日の議論が会場にいらした方にも、仕事の仕方や生き方を考えていく上で何かのきっかけになってくれれば幸いです。

シンポジウムを終えて

共感と共有の時代——文明の曲がり角に立って

三浦 展

このたびの大震災が起きたとき、私は所用があって京都にいた。午前中に仕事が終わり、静かな喫茶店で簡単な食事をとって一休みしていると頭がくらっとする。おや、疲れているようだと思ったが、それが地震だった。

だがそのときは地震とはわからず、少し観光をしてから帰ろうとバスに乗り、暇つぶしにｉＰｈｏｎｅでツイッターを読むと、東京で未曾有の揺れがあったと誰かが書いている。さっそくニュースサイトを見ると、東北地方で大地震だという。家にメールをしたが通じない。

これは大変だと、観光を取りやめ京都駅に行くと、テレビで恐ろしい津波が町を押し流す様子を放送している。９・11のワールドトレードセンターの崩壊同様、まるでハリウッド映画のＣＧを見ているような、ありえないはずの光景。新幹線は止まり、どうやって東京に帰るか、頭が真っ白になった。テレビを見ている人々も、まだ事態の深刻さが理解できない様子だった。上空から津波を写して放送すればするほど、それが現実だとは思えなくなる、という状況だったのではないかと思う。現実だと思えば、悲鳴を上げるとか、もっとパニックになるはずだ。だが人々は冷静だった。唖然としているといったほうが正しいかもしれない。笑っている人もいた。何が起こっているかわからなかったのだと思う。

前日までのホテルにもう一泊することに決めると、私は自宅だけでなく、石巻、釧路、茨城県、いわき市、房総など、被災地に実家や自宅のある知人に電話をかけ、メールを打ち続けた（石巻出身の知人の実家や親戚の家はすべて流された。いわき市に妻と小学生三人で住む一家は、その後北海道に移住した）。

家族とはメールで連絡が付いた。無事だった。新潟県上越市の実家の母には、翌朝四時半に電話するとようやく通じた。日本海側も一メートルの津波が予想されていた。電話をしている最中にまた激しい余震が来た。実家は柏崎原発から五〇キロ。他人事ではない。

私の実家は昭和三八年に田んぼを埋めて開発された団地だ。当時の地方小都市なりの郊外住宅地である。大きな川に近い低地にあるため、以後二〇年間で四回も床上、床下浸水にあっている。最初は昭和四〇年九月。夜、台風で増水した川の堤防が決壊し、みるみる泥流が押し寄せ、当時小学校一年生だった私は救助隊員に背負われて、少し高いところに逃げ、そこから兄と一緒に三〇〇メートルほど先の一時避難所に逃げた。避難所で何時間過ごしたか忘れたが、結局その後一ヵ月ほど、私たち家族四人は伯父の家の六畳一間に暮らすことになった。

今回の被災者とは比べものにならないが、家を買ってからわずか二年後に家が泥流に呑まれることになった両親の気持ちを察すると今さらながら胸が痛む。私の父や隣近所のお父さん方は、こんなところに家を建てて売るとは何事かと市役所に文句を言いに行ったが、そんなところに家を買うほうが悪いと一蹴されたという。しかし私の家は「フクタイキョウ団地」といって、つまり、小さな子どものいる若い夫婦のために福祉対策協議会の資金でつくられたのだ。それがこの有様だ。だから、今回の震災でも、どんな人がどうやって手に入れた家が流されたのかが気になった。

近代は平野を欲する

翌朝、復旧した新幹線に乗って東京に向かうと、いつもはすぐ寝てしまうのに、今回は車窓から見える風景が気になった。もし津波が来たら流されそうな場所のなんと多いことか。V字谷の小さな平野部に、たくさんの家があり、工場があり、商業施設がある。

いつからどうしてこんなに平野部にいろいろなものが建つようになったのか。今回の震災でも、昭和初期にも明治時代にも津波があり、一時期は高台に人が住んだというのに、なぜかまた人々は平野部に住むようになったという解説を聞くことがあった。

しかし、人々は平野が好きだから平野に集まってくるわけではない。私の実家近くもそうだが、昭和三八年に私の実家ができたときは、玄関の前は畑、その先は右も左もずっと田んぼだった。それがどんどん住宅地になり、今では田畑はほんのわずかである。住んでいる人はなぜどこから来たのか。

第一の理由は長期的には人口増加である。日本の人口は過去一〇〇年間で三倍に増えた。そのために住宅などを提供するには平野部の開発が必須だった。しかし、近年わが国の人口はすでに減少し始めている。かつ高齢化しているので、あらたに住宅が必要な人が増えているとは思えない。

そこで考えられる第二の理由は雇用である。農林業などでは食えなくなった、あるいは、もっと高い所得を求める人たちが、職を求めて平野部に移り住んでくる。平野部には工場があり、商業施設があるからだ。

第三の理由は、雇用とも関連するが、進学である。ほとんどの大学は平野部にある。進学校の中学や高校もそうである。よりよい雇用、所得を求め、よりより教育を受けようとすれば、その地方の中心部に出てくることになる。その中心部は大概の場合、平野部にある。東京の感覚だと、地方の山間部は老人しか住んでいない過疎地、限界集落というイメージしかないと思うが、昔からずっと過疎なわけではない。若い人たちが雇用や教育を求めて平野部に出て行ったから過疎化したのである。

このように考えると、近代という時代は平野を欲するのだと思えてくる。近代日本は開港から始まる。そのまわりに貿易会社や工場ができる。小学校レベルの地理の知識で言えば、日本は加工貿易の国だから、海外から原料を輸入して、加工してまた海外に輸出する。だから、港のまわりに工場ができる。工場は大量の水を使うので、河口近くがよい。そこに倉庫もできる。鉄道もできる。道路もできる。そこで働く人々のための団地もできる。何であれ、平野部、沿岸部の方が都合がよいのである。もちろん原発もそうだ。

だから、東北の場合でも、高台に住んでいた人がなんとなく平野部に移り住んできたのではない。彼らは仕事を求め、子どもの教育を考えて、移り住んできたはずである。

東京などの大都市の場合も、湾岸の巨大団地群を見れば、近代的な団地が効率主義ゆえに開発費用の安い平地を求めることは明らかである。もちろん大都市の場合は、あまりにも人口が増えすぎたために、平野部だけでは足りず、山地を削って住宅地をつくり、谷を埋めて道路をつくった。つまり山も谷も平地化したのである。

このように近代は、工業もオフィスも住宅も商業施設も娯楽施設も、大量の平地を必要とする時代であると言えるだろう。だから、東北の人々が、かつての津波を忘れて平野に住んだというのも、おそらく近代という時代の宿命である。農民や漁民が農業や漁業をするだけなら、さほどの人は平野には住まない。とれた物をその場ですぐに加工して製品にする工業があり、それを貯蔵する倉庫業があり、それを運ぶ運輸業があり、それを売る小売業があるからこそ、つまりそこに職場があるからこそ人は平野に集まったのであろう（この点については大野秀敏氏の発言を参照）。

日本人の長い歴史の全体が流されてしまう恐怖

石原慎太郎はこの震災を天罰と呼んで問題視されたが、選挙前ということもあり、彼としては珍しく発言を撤回し、陳謝した。しかし、私はこの大災害はたしかにひとつの天罰だったと思う。もちろん、東北の人々が天罰を下されたという意味ではない。石原氏もそのつもりはないだろう。

だが私は、石原氏のように天罰を下されるべきは国民の我欲だとも思わない。東北に電力を依存しながら浪費をしている東京人だとも思わない。我欲は資本主義そのものの中にある。消費者は自発的に我欲を拡大してきたのではない。企業がモノを売るために、我欲が拡大するように刺激してきたのだ。だから天罰を下されるべきだというなら、資本主義文明のほうであろう。それは私有主義文明とも言える。

また、私は震災を天罰だと思ったのは、震災直前の日本の社会、政治の状況にある。政策を論じずに脚を引っ張り合うだけの政治、大相撲の八百長だの歌舞伎役者の泥酔だの、枝葉末節なことばかりを騒ぎ立てるマスコミなど、考えるべきことを考えない近年の日本人に対して、今はもっと日本人が日本人としてまとまって真剣に将来を考えるべきときではないのかという神の怒りがあの大震災だと私には思えてしまったのだ。

もちろん、神なんていない。だが、これを単なる自然災害と思えば、防波堤をもっと高くするとか、木造の家を鉄筋のマンションにするといったレベルの対応で終わる。だが、神の怒りだと思えば、もっと本質的なところからわれわれの暮らしを見直すことになるだろう。

怒りの矛先が東北地方にだけ向かったのは、まことに不条理きわまりない。が、神や自然はいつも不条理だ。しかしそれがあまりに不条理であるがゆえにこそ、われわれはこうして頭を垂れて物を考えるのだ。神や自然が不条理ならば、せめて人の世は道理が通るものにしようと。それが人間が生きる意味というものだろう。

また、今回の大震災は、阪神・淡路大震災のときよりもはるかに東京人たちが強く反応したように思える。もちろん第一の理由は、東京自体がかなり揺れて、多くの帰宅難民も発生したからであるが、第二の理由としては、東北が東京に地理的、文化的、歴史的に直結しており、東北出身者が東京圏に多く住んでいるということがあろう。「おしん」のように、口減らしの子どもが東京に奉公に来た歴史があるし、戦後は、中卒、高卒の若者が「金の卵」と呼ばれて大量に東京に集団就職してきた。そういう長い歴史がある。

さらに、第三の理由として、東京の生活が原発を始めとして東北に支えられていることを、東京で暮らす人々が非常に強く意識したことがあるだろう。私も、東北に多くの生産拠点が立地していることを知ってはいたが、世界の製造業が生産をストップせざるを得ないほど貴重な部品をつくっている企業がこれほど多く東北にあるとは知らなかった。私のような著述業に不可欠な紙とインクを製造する大拠点も東北にあったとは、恥ずかしながら初めて知った。タバコの生産も東北に依存していることも知らなかった。そしてもちろん農産物や海産物。東京の暮らしは東北なしにはあり得ないことを初めて実感したという人がほとんどだろう(この点についてはシンポジウムでも、広井良典氏が、東京が東北を搾取する構造として指摘している)。

第四の理由としては、東北人の中に最も日本人らしい強さを感じる人が多かったからではないだろうか。苦難に耐える粘り強さ。お互いが助け合う力。避難所暮らしをしているのにテレビに向かって「元気にしているから、心配しなくていい」と語る、人に迷惑をかけることを嫌う精神。自然の脅威にさらされながら、それでも自然を愛し、自然と共に生きようとする気持ち。それらの態度が、われわれが日々の都会の暮らしの中で忘れがちになっている日本人の心の奥底の「美徳」を呼び覚ましてくれているようにすら思える。

阪神・淡路大震災では、神戸という近代的な都市が破壊された。しかし東北大震災では、縄文以来の日本人のルーツである東北、広葉樹林帯が四季と共に美しい変化を見せる東北、豊かな農地と漁場を持ち、われわれの食文化を支える東北、伝統的な地域共同体が残っている東北が、恐るべき津波に流されたのである。だからわれわれは、まるで日本人の長い歴史の全体が流されてしまうような恐怖を無意識に感じたのではないだろうか。

持続可能性が高かった昔の地方の暮らし

今回の震災はわれわれ自身の生活のあり方を根本から問いなおす契機となった。濁流に押し流されて木の葉のように浮かぶ無数の自動車。あれを見たら、相当な人たちが物質文明の限界、物を買うことの空しさを感じたのではないだろうか。持続可能な生活文化を持っていた時代として近年注目されている縄文時代と比べれば、現代の消費文化はいかにも脆い。物質に溢れているからこそ、復旧が難しい。物質が溢れているのは、生活の全体が商品化したからである。歩くのではなく、自動車に乗る。うちわであおぐのではなく、エアコンを使う。料理を自分でつくるのではなく店で買う。そうやって物が増えていった。

しかし、私は新潟県で農村的な生活を見て育ったのでわかるが、昭和四〇年代くらいまでは、人々は自分で食べる物くらいは、かなりの部分を自分でつくっていた。もちろん、つくれないものは市場で買ったが、それを加工するのは自分で行うことが多かった。たくあんも梅干しも干し柿も餅もお菓子も自分でつくったのである。

だから私は不思議なのだが、最近は新潟県でも大雪が降ると避難生活をする。新潟県人がなぜ大雪くらいで避難するのかと訝しく思うのである。もちろん高齢者が増えたからだろうが、それだけではない。新潟県の生活が自足的でも持続的でもなくなっているのである。

昔は、秋に収穫した米で餅を作り、柿を干し柿にし、大根や白菜を漬け物にし、鮭を塩引きするなど、多様な保存食を冬になる前に蓄えておく。そして長い冬をしのぐのである。それで餓死した人などほとんどいない。まさにそれは何百年も持続してきた生活である。

ところが現代では、新潟でも（東北でもそうだろうが）、全国チェーンのスーパーやコンビニやショッピングモールが幅をきかせている。都会的な暮らしに憧れる人々は次第に昔の暮らし方を捨てて、テレビCMをしている工業化された食品を買うようになった。しかしこれらの食品は、大雪が降って道路が十分に使えなくなると店に並ばなくなる。こうして昔よりも生活の持続可能性が減少したのである。

その結果として、地元の中心市街地、駅前商店街などは衰退し、シャッター通りになった。こうした地方の衰退について、私は過去にずっと疑問を呈し、大型商業施設や行政施設などの郊外移転を批判してきた。郊外化のすべてがいけないわけではないが、近年の郊外化は明らかに既存の都市や農村の持つ伝統、歴史、文化を根こそぎ衰退させていると思ったからである。

他方、私とは違って、こうした郊外化を今までずっと肯定してきた人たちがたくさんいる。ところが、そうした人々ですら、このたびの大震災では、地方の生活、歴史が一瞬にしてなくなったのは大変だといった意味のことを述べている。彼らは本気でそう思っているのだろうか。大型商業施設が、地方の固有の歴史、人々の生活、人々の記憶などなどをぶちこわしてきたことを肯定しながら、津波が町をこわすのは大変だというのは、私には一貫性のない議論に思える。

テレビや新聞で見る限り、今回被災した人々のほとんどは、できれば震災前の暮らしに戻りたいと考えている。壊滅的な損害を被った漁師たちが、もう一度漁がしたい、海に出たいと言い、その漁師の息子たちもまた父親のような漁師になりたいと言っているのを見て、私は職業というものが人間にとって金を得る手段というだけでなく、まさに人間の精神であることを、そして「地方の歴史」というものは、有名なお城があるとか、お寺があるとかいったことではなく、つまるところ、農民や漁師や店員や職人などが毎日毎日自分の仕事に誇りを持って働いてきた歴史であることを改めて実感した。同じ町で同じ仕事をしたい、祖父や親と同じ仕事を持続していきたい、そう思う人々がこれほどたくさんいる地域は、素晴らしい地域だろうし、そういう地域を持つ日本という国はいい国に違いない、と私は思う。

こうした点をよく考え、人間にとって、町とは何か、歴史とは何か、そもそも人間にとって「住む」とはどういうことか、といったことを十分に論議しておかないと、被災した町をどうしていくかという議論ができないであろう。

すでに「風景」は失われていた

そんなことを考えていると、まったく期せずして、日本の風景、風土を長きにわたって研究し、思索してきたフランスの文化地理学者オギュスタン・ベルク氏の『風景という知――近代のパラダイムを超えて』（世界思想社）が私の手元に送られてきた。

本書は、ひとことでいえば、近代が風景を鑑賞の対象にしながら、他方で抹殺してきた歴史を批判するものである。「風景という知」とは、風景に関する知識のことではない。

逆である。風景があたりまえの日常として、その日常生活、日常的実践（労働）の結果として存在しており、特に風景を論じようなどという人間がいなかった時代には、それにもかかわらず、むしろそれだからこそ「風景という知」が存在した（中村陽一、永山祐子、松隈章各氏がこれと関連する発言をしている）。

たとえば、かつて日本の農民は里山をつくった。山に木を植え、木が育つと枝を切って薪にし、さらに育つと木材として活用した。だから山にはつねに若い木があり、美しい花を咲かせ、新鮮な樹液を出した。花や樹液は虫を集め、虫は鳥を集めた。そこに花鳥風月の美が生まれた。農民たちは風景をつくろうとか、まして論じようとか思わなかったはずなのに、そこには素晴らしい風景が生まれたのである。これが「風景という知」である。

ところが近代は、山を削り、木を倒し、海を埋め立てて文明を発達させた。そうして風景が希少な物になると、われわれは言い訳をするように風景を論じ始めた。私たちは、風景を抹殺しながら、むしろそれだからこそ、風景の重要性について語り、風景を保存しろと言うようになった。しかし、そこにあるのは「風景についての知」であって、「風景という知」ではない。

ベルク氏の批判する「悪しき近代」は、近年東北地方にも深く波及していた。田園地帯の中に巨大なショッピングモールや三〇階建ての高層マンションが建っているのだ。それは津波以上に風景を破壊していたとも言える。そうしたことも含めて、今回の悲惨な災害からどのような教訓を得、どのような町をつくるか、それを考えることが私たちの大きな課題であろう。

広井氏がつねづね言われるように、近代とは、「古い物より新しい物がよい」という時間軸優位の価値観が支配する。その近代主義的な価値観だけで復興が行なわれるならば、それは大きな禍根を残す危険もあろう。東京ならば、まあ、それでよい面もあるが、東北の場合、その地域性、縄文以来の歴史を考慮した、ローカルな、バナキュラーな（風土に根ざした）復興でなければならないのではないか。

先日ベルク氏は国際交流基金賞を受賞され、その受賞式のために来日された。記念シンポジウムにおいて、ベルク氏は「景観十年、風景百年、風土千年」と言われるように、風土をつくるには長い時間がかかる、今回の震災はまさに風土レベルでの災害だったと発言された。だとすればわれわれは、東北の今後を考えるとき、単に景観や風景を復旧することだけを目的とするのではなく、われわれの風土とは何かということ、つまりわれわれの精神とは何かということまでをも問い直さなくてはならないであろう。

ツイッターと市民

藤村龍至氏、永山祐子氏ら、多くのパネリストも指摘したように、今回の震災・原発報道などにおいてその実力をまざまざと見せつけたのはツイッター、フェイスブックなどのメディアである。

「大本営発表」とはこれかと思わせる政府、保安院、東電の会見。はっきりしない発言を繰り返す大学教授。「ただちには影響しない」という曖昧な日本語。それに比べれば、自身のCS番組二回分をユーチューブに流した大前研一氏の原発分析のほうがどれほどわかりやすく、かつ素早く的確な提言に満ちていたことか。

また、地震直後は携帯もメールも通じなかったなかで、ツイッター、フェイスブック上では、安否確認や被災者を支援する情報が流れ続けた。島原万丈氏は早速「仮り住まいの輪」という事業を立ち上げ、ホームページを作り、それをまたツイッター、フェイスブック上で伝えた。このスピード感には舌を巻いた。こういうボランティア的な事業が即座に立ち上がるところに、まさに日本の「新しい底力」がある。拙著『これからの日本のために「シェア」の話をしよう』（NHK出版）で書いたように、行政や大企業に頼らずに、市民自身が自分の力で、自分のネットワークを活かして、素早く社会的な事業を興すことができるということである。まさに「新しい公共」の主体が育っているのである（それに対して「新しい公共」をマニフェストに掲げた政党の旧態依然ぶりにはがっかりしたが）。

また『これからの日本のために……』では、これまでの日本の基幹産業である住宅、自動車ですら、若者が所有欲を持たず、シェア（共同利用）でかまわないと思い始めていることを私は指摘したが、それは、われわれはもう新製品を買い続けることに幸福は感じられず、むしろエコロジーの観点からは罪悪感すら感じられるようになってきているからである。シェアハウスに住んだり、車をシェアして使えば、エコロジーでもエコノミーでもあり、かつ人とつながるよろこびが感じられるということに人々が魅力を感じ始めたのである（この点は松原隆一郎氏も指摘している）。

そこでこの大震災である。この大震災は、日本には多数の被災者を受け入れられる住宅ストックがあることを知らしめた。実際、多くの人たちが自分の所有する空き家、自分の住むシェアハウス、あるいは自分の自宅にすら被災者の受け入れをしようとしてきた。と同時に、われわれは被災者を受け入れたり、もっと普通に支援金や支援物資を送ったりすることによって、苦しみ、悲しみとよろこびをシェアしようとしてきた。つまりわれわれは共感に飢えているのだとも言える。その背景には、個人化し、孤立化しがちなグローバリゼーションの時代に対する不安もあっただろう。

考えてみれば、二〇一〇年は「タイガーマスク現象」という不思議な寄付行動が話題になった年でもあった。私はこうした行動が増えた一つの大きな理由は、税制への不満があると思う。近年、道路公団やかんぽの宿、あるいは社会保険庁問題など、われわれ国民のお金が行政によって非常に無駄に使われてきたことが明らかになってきた。せっかく税金や年金を納めても、それが正しく使われていない。だったら、何に使われるかはっきりわかる形で自分のお金を意味のあることに使いたいと考える人が増えて当然である。

児童養護施設などの福祉施設には本来行政が十分な予算をつけるべきであり、個人の寄付に頼るべきではないという意見もあるが、私はそうは思わない。行政による予算が不足しがちな分野には個人がもっと寄付をするべきであり、寄付をしやすくする税制に改善すべきだ。ところが現在の税制は、とにかく所得は一度国税庁に徴収され、その使い道は役人が考えるというものである。これは公共性の主体が役人にだけあり、一般国民にはないという思想の現れだ。たしかに一般国民の文化水準が低かった時代にはそれでも仕方ない。しかし、現在のわが国の国民のレベルは高い。国民自身が公共性の担い手としての力をつけてきている。国民はお金をどう使うべきかを自分なりに考えて決定する能力を持っているし、決定したいと思っているのだ。「タイガーマスク現象」はそうした心理の表れである。

「シェア」もまた、同じ文脈で考えられる。従来は国民の稼いだ所得をシェア（分配）する役割は行政にあった。行政はシェアをフェアに行なうべきであり、行なうはずだと信じられていた。ところが行政のシェアの仕方に問題があることがわかってきた。だったら自分たちでシェアの方法を考えますよ、という心理が国民の中に増大しているのである。

だから、シェアの概念に含まれるのは、単にカーシェアやシェアハウスなどの物のシェアだけではない。それは究極的にはケアのシェアであろう。お互いが人の面倒を見る、世話をする、それによって喜びや悲しみもシェアする、つまり共感する、ということではないかと思う。

広井氏はケアとは個人という存在をその底にあるコミュニティや自然、スピリチュアリティの次元につないでいうものだという話をされている。近代社会は相互ケアの単位としてのコミュニティを否定し、あるいは軽視し、ケアの機能を核家族の中に、特に主婦の役割として押し込めた。主婦が夫や子どもをケアする役割を担えば、夫は仕事、子どもは勉強に専念できたというわけである。この点は山本理顕氏が指摘し続けてきたことでもある。

若い世代が多い時代には、まあ、それでもうまくいく。ところが、少子高齢社会になると、高齢者のケアを誰がするという課題が出てきた。主婦でいいじゃないかという人もいるが、義理の親のケアまで見るのは大変だ。だから介護保険などができてきた。

しかし、シンポジウムでも紹介したように人口のピークが八一歳になるような社会では、八一歳の子どもが一〇五歳の親の面倒を見るという現実もありうる。そうなると個人だけでケアを担うのは不可能。親子、家族に限らず、お互いにケアしあえる関係、社会全体としてケアしあえることが重要になる（この点については山本理顕、大月敏雄、家成俊勝各氏の発言を参照されたい）。

液状化する近代

そう考えると今はやはり価値観の大きな交代期にあると言える。明治以来、日本は富国強兵、殖産興業、高度成長と、要するに経済大国化を求めてきた。しかしそれが達成され、逆に経済大国の地位から落ちようとしている。高齢化も進み雇用も悪化している。その背景にはグローバリゼーションがある。家族や地域の紐帯は解かれ、個人化、インディヴィジュアリゼーションが進んでいる。それを哲学者のバウマンは「液状化」と言った。近代社会は「ソリッドな（固体の）近代」から「リキッドな（液体の）近代」に変質したというのである。

まさに地震によって液状化した地域があり、また津波によって地域の歴史が、人々の記憶が流されたということと、近代化による社会の液状化とは、私には何か似たものに思われる。そう考えると、地震と津波によって被災した地域の復興が、「リキッドな近代社会」への復興になるべきではないのではないか、と思えるのである。

力強い若者の多い社会なら、それでもいいのだが、高齢者が多い社会で個人が社会に立ち向かうのは難しい。雇用の不安定な若者も個人では社会に立ち向かえない。なんらかのつながりが必要だ、無縁社会はいやだ、という人が増えてきた。

それは言い換えると、経済だけ、効率だけの価値観ではない社会を多くの人々が求め始めたということでもあろう。もっと新しい社会のシステムはないのか、生き方はないのか、ということが問われ始めたのだ。あまりに束縛的な集団はいやだが、ある程度自分を守ってくれるような集団には属したいということであろう。ケアしあえる、シェアしあえる関係を人々が求めている。

そのためか、近年、一種の愛国主義が拡大している。日本的なもの、伝統的なものを求める人が増えている。しかも若い人ほど強まっている。それは日本の経済、政治を愛するということではない。日本の文化を愛する。古くからずっとある、変わらない文化を愛する。経済も政治も社会も流動的で、不安定だからこそ、変わらない歴史と文化を求めるのである。

興味深いことに統計数理研究所の「日本人の国民性調査」によると、日本人の性質をあらわしていると思う言葉として、近年「合理的」が減って、「親切」が増えている。実は「親切」は五〇年前には多かった。それが高度成長が進むと減って「合理的」が増えた。

近代化したのである。ところが近年は「合理的」が減り、「親切」が増えている。つながりやケアを重視する傾向が増えているということであろう。

大きな物語から自分らしさへ、そして――

また、最近の若者は海外旅行をしないと言われる。でも京都の観光客数は増えている。年齢別に見ても若い人ほど増えているようだ。面白いことに、二〇代の海外旅行者が減り始めた時期と、京都の観光客が増え始めた時期は一致している。

このように考えると、今日本人が求めているのは、「ソリッドな近代」でもなければ、「リキッドな近代」でもない。その中間の柔軟で、しかもある程度安定した社会ではないかと思える。それを仮に「クレイ（粘土）的な社会」と呼んでおく。岩盤のように硬くもないし、水のように流れるのでもない。変形もできるし、分割もできる。でもまたくっつけることも簡単。そういうイメージである。

よく「大きな物語の終わり」と言われる。これは本来は現代思想用語で、マルクス主義のような大きな社会転換を構想する物語が終わったということを指すらしいが、マルクス主義でなくても、日本では、近代化も経済大国化も大きな物語だったと言える。

この経済大国化という大きな物語が、一九七〇年代のオイルショック後あたりから、少しずつ崩れ始めた。そうなると、国家、会社よりも個人が重要になり、個人の自分らしさが「小さな物語」として追求されるようになった。そういう時代には消費というものが、個性的な消費をするということが、自己実現にもなると思われた。私のいたパルコや西武の広告はそんな価値観の変化をメッセージにしたのである。

ところが、その自分らしさという小さな物語の時代も限界が見えたのが近年だろうと思う。自分らしさだけでは生きていけない、満足できない、そもそも自分らしさがわからない、という状況になった。そこでまた大きな物語に回帰するという傾向が出てきたのではないだろうか。

しかし、いまさら経済大国化を求めるということではない。政治大国、外交大国はどうやったって無理。もちろん軍事大国化を望む人はほとんどいない。では、何の大国かというと文化だろう。そしてその根底にあるのは日本人という人間そのものであろう。伝統のある、歴史のある日本の文化、そして日本人という存在が、大きな物語として浮上してきた、というのが今の状況であろう。

そこには、漫画、アニメ、北野武の映画などが海外で評価されていること、イチロー、松井、サッカー選手の活躍なども影響しているだろう。自動車や電気製品のような人間の顔の見えないハードではなく、人間そのもの、そして人間の顔の見えるソフトパワーで日本が世界に評価されるようになった。そのことが現代の愛国心を支えている。

また経済大国というのは世界中が同じ基準で図られる。GDPが多いほうがいいという量的な概念である。量だからグローバルスタンダードで計られる。

しかし文化や伝統というものは、世界中が同じ量的基準では計られない。ローカルなものだから、グローバルスタンダードでは計れない。

また、近代的な経済大国というのは、先述したように時間軸が重視される。すると近代化の進んだ、経済力のある国、地域がよくて、近代化の遅れた、経済力のない地域は悪いということになる。

しかし文化、伝統というのは、Aという国の文化とBという国の文化を比較して、どっちがいいとか悪いとかは言えない。同じ国のAという地域とBという地域についても、どっちの文化がいいとか悪いとか言えない。時間軸ではなく空間軸が重要になる。空間的な、地理的な多様性が重要なので、進んでいるか遅れているかは評価軸にならない。

「シェア社会」へ

このように考えると、近年における日本文化志向、伝統志向は、単に大きな物語の復活ではない。中くらいの物語の時代なのかもしれない。現代の愛国も単なる日本志向ではない。一つの正しい日本を求めているのではない。それぞれの地域の多様な文化を評価している。多様な地域文化の集まりとして日本があるという見方を多くの人がするようになってきたのではないか。

だから、「日本は一つなり」と、ソリッドな社会をつくろうというのではない。日本にはいろいろな地域があり、いろいろな文化があり、魅力があるから素晴らしいのだと考える人が増えているのではないか。それはまさに山崎亮氏の活動に現れていると言える。

国家、会社という大きな物に属すのではなく、また個人として孤立するのでもなく、昔風の束縛的な地域社会をつくるのでもなく、新しいコミュニティをつくっていく、そこでお互いがケアし合い、シェアし合う、そういうことが求められていると思われるのである。

われわれの住む大衆消費社会というものの原理は「私有」だ。だれもがマイホーム、マイカー、マイ家電、などなどを買うことができて、それによって豊かさを実感できる、平等を実感できる、それがアメリカ型の大衆消費社会であり、戦後の日本はそれに追従した。

しかし、その私有の原理の魅力がだんだん弱まってきた。私有しなくても借りればいい、共有でいい、みんなで共同利用すればいいという価値観が拡大してきた。そこでは、物を買う、競い合って買う、ブランドを見せびらかすために買うということでは満足が得られない、幸福が感じられない。もっと人と心がつながり合うことに関心が移行しているのである。

高齢化すると年金で高齢者を支えるのも大きな負担になる。若い世代が一人で高齢者を三人支えなければならないと言われる。しかし発想を逆転して、高齢者が三人で若者一人を支える社会と考えることはできないだろうか。高齢者が自分の資産を活用して若者を支援する、たとえば空いた家や部屋を非常に安く貸すとか、自分の知識や経験や人脈を若い世代に提供していくということも今後は望まれるだろう。前期高齢者が後期高齢者を支援する必要もある。その点については藤村正之氏が指摘していたとおりである。

そもそもなぜ近年、シェアハウスの人気が急に拡大したのか。それはシェアハウスに住むことは実は人々が求めることを同時に満たしてくれるからだろうと思う。だったら、シェアハウスのような社会をつくれないか、「シェア社会」をつくれないか、と私は夢想するのである。

シェアハウスのキーワードは、まずエコノミーとエコロジー、そしてセキュリティ、最後にコミュニティだろう。

ワンルームマンションに住むより快適な空間が初期費用をあまりかけずに入居できる。一緒に住むから光熱費などが省けるので、エコノミーでありエコロジーである。

また、一緒に住むから防犯上安心。まさに地震のときはシェアハウスに住んでいてよかったという人が多かったそうだ。つまりセキュリティが高い。

そしてコミュニティ。一緒に住むからおしゃべり仲間がいる。人生相談もできる。ストレス解消にもなる。病気のときも安心だ、ということである。

このようにシェアハウスには現代人が求める価値が揃っている。だから人気なのだ。だったら社会全体を私有主義万能の社会からシェア社会に変えられないだろうか。震災後の社会だからというだけでなく、高齢化、女性の社会進出という観点からも、さらに、エネルギー問題、環境問題等々のよりグローバルで長期的な観点からも、そういう新しい社会のデザインが必要であると思う。何よりもわれわれは、人類として、生物として、地球をシェアしているのだから。

最後になったが、本書の作成、および本シンポジウムの企画、運営、実施にあたっては、パネリストの皆様を始めとして多くの方々のご支援、ご協力をいただいた。実はシンポジウム当日、私は体調を崩し、壇上で話す以外に何もできなかったのだが、藤村龍至氏とその学生諸君、その他のスタッフの的確な行動によって、シンポジウムは順調に進められた。充実した議論ができたと思う。まだまだ考えるべきこと、なすべきことは山積しているが、ひとりひとりの市民の力が必ずそれらの問題を解決していくであろう。

「建築」から「3・11後の社会デザイン」を考える

藤村龍至

経済政策と消費のあり方のズレ

本書のタイトルは「3・11後の建築と社会デザイン」である。ここでは、「建築」という一見時代遅れのようなジャンルが「社会デザイン」とどのように関わっているのか、私なりに整理しておきたい。

本書の討議は、山本理顕氏の「一住宅＝一家族」という原理への問いかけを起点にしている。山本氏は供給側である政府の戸建て住宅偏重の住宅政策、および受給側である国民のプライバシー偏重の購買行動の双方を問題にしている。そして、それらの状況を追認し、具体的な建築として可視化させ、無批判に供給し続けてしまった建築家、住宅メーカーらも問題にしている。

山本氏の問いかけに対して最も構造的な説明をしているのは経済学者の松原隆一郎氏で

ある。松原氏は戦後の経済政策を整理したうえで、戦後の経済政策は「供給をいかに効率的にするか」という生産側の論理に偏っていて、「他人との繋がりのなかで消費を楽しみたい」という消費側の新しい論理を捉えきれていないと指摘する。住宅に関していえば、松原氏によれば「個室を持つ」という欲望は一九八〇年代までにいったん達成されており、今日のようにリスクの高まりが意識されている社会では、家族単位以下に解体された「個」も、縮小した「小さな政府」も、リスクから身を守るためには力不足であり、他人と共有する空間に対するニーズが生じているにもかかわらず、それらを政策として取り込めていないと指摘する。他人と共有する空間のイメージは山本氏の提示する「地域社会圏」構想や三浦氏が注目する「シェア」の試みと通底する。

もうひとつのニューディール政策

第一部の議論で、戦後一貫して追求してきた「モノを大量生産して内外で消費させる」という経済政策を改めなければならないということは見えてきた。では、そのような政策の転換を図るためには、私たちは具体的にどのようなことを考えていけばいいのだろうか。

建築の問題に戻ってみると、第二部で山崎亮氏が興味深い提言をしている。一九三〇年代、ルーズベルト大統領が採った「ニューディール政策」は、ダムを建設するなどの建設業が有名であるが、同時期に中山間・離島地域に一〇年間で三〇〇万人の若者を送り込み、木を伐るなど環境保全の仕事をさせたことに注目するべきだという。彼らの一部は地元の娘たちと結婚して住み着くなどしており、国立公園局の「レンジャー」という職業として今も維持され、国家公務員としてアメリカの国立公園のなかでガイドや密猟者の取り締まりなどを行なっており、約二万人が従事しているのだという。

山崎氏はそのイメージを手がかりに、日本でも若者が中山間・離島地域の集落に入り、七〇代、八〇代の人たちと一緒になって新しい地域のビジョンを考えることを提言している。現状ではまちづくりに取り組む若者は大学生のボランティアなどが多いが、これを社会的な仕組みとするには一定の予算が必要であろう。しかし、山崎氏が繰り返し指摘するように、現状のハードを整備するための膨大な予算に比べれば、「消費税程度」の僅かな投資に過ぎない。

コミュニケーションの下部構造を設計するアーキテクト

レンジャー制度は、「モノをつくらない」社会イメージへの転換の一例と捉えることができる。ただし、中山間・離島地域のビジョンとしては山崎氏のいうようにレンジャー制度が参考になるとしても、日本社会の経済活動全体から見ればそれこそ「消費税程度」の見通しにしかならない可能性もある。日本社会全体のビジョンとしてはどのように考えていけばよいだろうか。

山崎氏は、デザイナーは地域の人たちの議論を誘導する役割に徹すればよい、という。議論はゼロからは生まれにくいので、デザイナーが議論の構造までをつくっておいて、あとは当事者に任せればよいのである。山崎氏はその加減を「いい加減」と表現するのだが、本書ではそのような「コミュニケーションの下部構造」を設計する役割を「アーキテクト」と呼ぶことが議論されている。

成熟した今日の社会では、以前のように目的が明瞭ではなくなり、場所ごとにニーズも異なっているうえに、地域に固有の文化を守るという意識も高まっている。二〇〇〇年代以後は政策として地方分権が推し進められたこともあり、ワークショップによる民意の調達のプロセスが以前にも増して重要視されている。そのような状況では、一見芸術家的なイメージのある建築家は不要に思われがちであるが、実際のところは映画監督やオーケストラの指揮者のように建築家もクライアントや近隣住民、専門家や施工者など大勢の関係者とコミュニケーションしながらプロジェクトを進めていく。つまり山崎氏が指摘するように、建築家はもともとそのようなファシリテーション能力やマネージメント能力に長けているのだから、建築家は早々に「アーキテクト」と肩書きを変え、そのような場面に活路を見出せばよいのである。

モノを動かす前のストーリーがお金を動かす社会へ

人口減少によって建築を新築しないストック型の社会へと変化し、成熟化によってそもそも何を建築すればよいかという前提から議論しなければならない状況のなかで、建築家が肩書きを変えなければならないのは時代の要請であるとして、このように追い込まれているのは建築家だけではない。広告代理店の広告マンたちも企業が広告宣伝費を削り、マーケットが細分化するなかで、大衆に向けた大型の広告の制作に携わることは少なくなりつつあり、企業のブランディングやメディア戦略のコンサルフィーの収入に依拠する割合が増えているという。編集者たちも書籍がなかなか売れない状況のなかで、コンサルタント化している状況は広告マンのそれと似ている。不動産屋も土地がなかなか出ず、買い手もなかなか現れない状況のなかで相続税コンサルタントとなっている。建築家が建築を建てるまでのストーリーを設計するようになってきているように、社会全体が近代化を果たし、成熟してしまった日本では、モノを設計するのではなく、モノを動かす前のストーリーを設計するようになっている。

これまで私たちの社会は、モノを生み出し、それによってお金が動く仕組みになっていた。山本氏や大野氏、家成氏の議論のなかでしばしば話題になっていたように、建築設計事務所の設計監理料は工事費の○パーセントという計算をする。増改築のための設計は新築より圧倒的に手間が掛かるのに、低く設定されている状況がある。あるいは、山本氏が糾弾するように、現状に合うモデルを模索する以前に、公共住宅の発注者が現状に合わない過去のモデルに疑問を持たず、提案は不要であるという認識から、設計料をほぼ無料で発注している状況すらある。このような状況は早晩行き詰まるだけである。大野氏が指摘するように、アイディアにお金を払う仕組み、モノを動かす前のストーリーの設計プロセスにお金を払う仕組みが要請されているのである。

「プロダクトの国」から「プロセスの国」へ

このように、これからの日本社会はモノだけにお金を払うのではなく、モノを生み出すまでのストーリーにお金を払う社会に変えていかなければならない。対外的には、モノだけを輸出する国ではなく、モノづくりで得たマネージメントを含んだ技術のパッケージを輸出する国、というイメージをつくっていく必要があるだろう。大地震や大津波が国土を度々襲っても、あるいは高齢化によって生産人口の減少が進んでも、人々が楽しく、美しく暮らせる国というイメージをつくり、そのための技術を輸出していくために、まず私たち自身がプロダクトの大量生産にこだわり、身をすり減らしてコストダウンを繰り返す負のスパイラルから卒業し、慎重に必要性や固有性を吟味し、設計プロセスを重視して良質なプロダクトを生産する国というイメージに自己イメージを書き換えていかなければならない。松隈氏や永山氏が主張するような街に遺る古い建築遺産を大事にするという提案も、そのような姿勢と連続するものであろう。

このように、「3・11後の社会デザイン」を模索する本書での討議内容から、日本社会全体が過去五〇年の成功体験を徐々に書き換えていく必要があることが理解された。そこで「建築」というジャンルを例に取れば、職能領域のイメージ、およびそれに連動する報酬のイメージを書き換え、活動のあり方全体を変えていく必要があることが具体的に見えてくるのではないだろうか。3・11をきっかけに新しい日本のイメージの模索は始まったばかりであるが、今回の討議を終えて、そのことの重要性をはっきりと認識できたのが最大の収穫であった。

最後に――世代を超えた議論を

三浦氏と私の共同作業は、郊外についての対話から始まっている。駆け出しの建築家に過ぎない私にシンポジウムの司会という貴重な役割を与えて下さり、丁寧な台本を作成してフォローして下さった氏には心から感謝している。実はお会いした当初は、マーケッターとして消費を誘導する立場だったはずの三浦氏がなぜ今になって消費社会を批判するようになったのか、よくわからずにいた。しかし、対話を重ね、戦後日本社会の変化を自分なりに整理するうちに、三浦氏の消費社会に対する態度のあり方は、変化の時代を生きた世代ならではのものであることを理解するようになった。

3・11が露わにした社会の問題点を議論することは、日本の戦後社会について再考し、これからの社会像を議論することに他ならないが、世代による状況認識の違いも時に議論を阻む壁となることだろう。そこで本シンポジウムの人選にあたっては、分野だけではなく、世代を横断した人選が意図された。世代間対立に陥らずに社会の行方を議論していくためにも、氏とは今後も協働を続けていきたいと思う。また今回、広範にわたった議論を的確にまとめて下さった平凡社の福田祐介氏、および本書出版のきっかけをつくって下さった同社の足立亨氏へもこの場を借りて感謝したい。

なお、シンポジウムの入場料は建築家による復興支援のネットワーク「ArchiAid」に寄附させて頂いた。実行委員メンバーのひとりとしてお礼を申し上げたい。また、シンポジウム当日はいくつかの大学で建築を学ぶ学生の皆さんが日頃の訓練の成果を発揮して、ボランティアで受付や誘導などを手際よく手伝ってくれた。そのことも感謝して記しておきたい。

シンポジウム
「3・11後の社会デザイン――東北の再生と東京の再編」

日時　2011年7月16日（土）13:30 ～ 18:40
会場　リクルートG8ホール

総合司会＝三浦展
各回司会＝藤村龍至

第一部　社会・地域・居住
パネリスト
　山本理顕
　島原万丈
　大月敏雄
　中村陽一
　藤村正之
　松原隆一郎

第二部　国土・都市・建築
パネリスト
　家成俊勝
　松限章
　永山祐子
　広井良典
　山崎亮
　大野秀敏
　山本理顕

主催……カルチャースタディーズ研究所
共催……山本理顕設計工場、藤村龍至建築設計事務所
協賛……平凡社
協力……リクルート住宅総研

三浦展

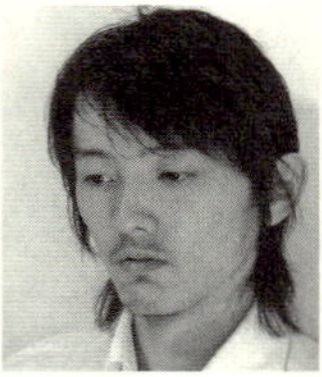
藤村龍至

【編著者】

三浦展（みうら あつし）

1958年新潟県生まれ。カルチャースタディーズ研究所主宰。82年一橋大学社会学部卒業後、パルコで「アクロス」編集長を務める。90年三菱総合研究所主任研究員、99年カルチャースタディーズ研究所設立、消費・社会・都市の研究を行なう。主な著書に『下流社会』（光文社新書）、『ファスト風土化する日本』（洋泉社新書y）、『シンプル族の反乱』（ベストセラーズ）、『これからの日本のために「シェア」の話をしよう』（NHK出版）など。

藤村龍至（ふじむら りゅうじ）

1976年東京都生まれ。建築家、東洋大学理工学部建築学科専任講師。東京工業大学大学院博士課程単位取得退学。2005年より藤村龍至建築設計事務所を主宰。フリーペーパー「ROUND ABOUT JOURNAL」のほか、ウェブマガジン「ART and ARCHITECTURE REVIEW」の企画・制作も手掛ける。主な著書に『1995年以後』（編著、エクスナレッジ）、『アーキテクト2.0』（編著、彰国社）、『地域社会圏モデル』（共著、INAX出版）があるほか、「読売新聞」「思想地図 β」など新聞・雑誌への寄稿も多い。

平凡社新書612

3・11後の建築と社会デザイン

発行日——2011年11月15日　初版第1刷

編著者——三浦展／藤村龍至

発行者——坂下裕明

発行所——株式会社平凡社
東京都文京区白山2-29-4　〒112-0001
電話　東京（03）3818-0743［編集］
　　　東京（03）3818-0874［営業］
振替　00180-0-29639

印刷・製本—株式会社東京印書館

装幀———菊地信義

ISBN978-4-582-85612-5
NDC 分類番号318.7　新書判（17.2cm）　総ページ256
平凡社ホームページ　http://www.heibonsha.co.jp/